高等职业教育工业设备安装工程技术专业教学基本要求

高职高专教育土建类专业教学指导委员会
建筑设备类专业分指导委员会 编制

中国建筑工业出版社

图书在版编目(CIP)数据

高等职业教育工业设备安装工程技术专业教学基本要求/高职高专教育土建类专业教学指导委员会建筑设备类专业分指导委员会编制. —北京：中国建筑工业出版社，2014.12

ISBN 978-7-112-17530-7

Ⅰ.①高… Ⅱ.①高… Ⅲ.①设备安装-高等职业教育-教学参考资料 Ⅳ.①TB492

中国版本图书馆CIP数据核字（2014）第274642号

责任编辑：朱首明 张 健
责任设计：李志立
责任校对：李欣慰 王雪竹

高等职业教育工业设备安装工程技术专业教学基本要求

高职高专教育土建类专业教学指导委员会
建筑设备类专业分指导委员会 编制

*

中国建筑工业出版社出版、发行(北京西郊百万庄)
各地新华书店、建筑书店经销
北京红光制版公司制版
北京七彩京通数码快印有限公司印刷

*

开本：787×1092毫米 1/16 印张：6¼ 字数：148千字
2014年12月第一版 2014年12月第一次印刷
定价：**21.00**元

ISBN 978-7-112-17530-7
(26727)

土建类专业教学基本要求审定委员会名单

主　任：吴　泽

副主任：王凤君　袁洪志　徐建平　胡兴福

委　员：（按姓氏笔划排序）

丁夏君　马松雯　王　强　危道军　刘春泽

李　辉　张朝晖　陈锡宝　武　敬　范柳先

季　翔　周兴元　赵　研　贺俊杰　夏清东

高文安　黄兆康　黄春波　银　花　蒋志良

谢社初　裴　杭

出 版 说 明

近年来，土建类高等职业教育迅猛发展。至2011年，开办土建类专业的院校达1130所，在校生近95万人。但是，各院校的土建类专业发展极不平衡，办学条件和办学质量参差不齐，有的院校开办土建类专业，主要是为满足行业企业粗放式发展所带来的巨大人才需求，而不是经过办学方的长远规划、科学论证和科学决策产生的自然结果。部分院校的人才培养质量难以让行业企业满意。这对土建类专业本身的和土建类专业人才的可持续发展，以及服务于行业企业的技术更新和产业升级带来了极大的不利影响。

正是基于上述原因，高职高专教育土建类专业教学指导委员会（以下简称“土建教指委”）遵从“研究、指导、咨询、服务”的工作方针，始终将专业教育标准建设作为一项核心工作来抓。2010年启动了新一轮专业教育标准的研制，名称定为“专业教学基本要求”。在教育部、住房和城乡建设部的领导下，在土建教指委的统一组织和指导下，由各分指导委员会组织全国不同区域的相关高等职业院校专业带头人和骨干教师分批进行专业教学基本要求的开发。其工作目标是，到2013年底，完成《普通高等学校高职高专教育指导性专业目录（试行）》所列27个专业的教学基本要求编制，并陆续开发部分目录外专业的教学基本要求。在百余所高等职业院校和近百家相关企业进行了专业人才培养现状和企业人才需求的调研基础上，历经多次专题研讨修改，截至2012年12月，完成了第一批11个专业教学基本要求的研制工作。

专业教学基本要求集中体现了土建教指委对本轮专业教育标准的改革思想，主要体现在两个方面：

第一，为了给各院校留出更大的空间，倡导各学校根据自身条件和特色构建校本化的课程体系，各专业教学基本要求只明确了各专业教学内容体系（包括知识体系和技能体系），不再以课程形式提出知识和技能要求，但倡导工学结合、理实一体的课程模式，同时实践教学也应形成由基础训练、综合训练、顶岗实习构成的完整体系。知识体系分为知识领域、知识单元和知识点三个层次。知识单元又分为核心知识单元和选修知识单元。核心知识单元提供的是知识体系的最小集合，是该专业教学中必要的最基本的知识单元；选修知识单元是指不在核心知识单元内的那些知识单元。核心知识单元的选择是最基本的共性的教学要求，选修知识单元的选择体现各校的不同特色。同样，技能体系分为技能领域、技能单元和技能点三个层次组成。技能单元又分为核心技能单元和选修技能单元。核心技能单元是该专业教学中必要的最基本的技能单元；选修技能单元是指不在核心技能单元内的那些技能单元。核心技能单元的选择是最基本的共性的教学要求，选修技能单元的选择体现各校的不同特色。但是，考虑到部分院校的实际教学需求，专业教学基本要求在附录1《专业教学基本要求实施示例》中给出了课程体系组合示例，可供有关院校参考。

第二，明确提出了各专业校内实训及校内实训基地建设的具体要求（见附录2），包括：实训项目及其能力目标、实训内容、实训方式、评价方式，校内实训的设备（设施）配置标准和运行管理要求，实训师资的数量和结构要求等。实训项目分为基本实训项目、选择实训项目和拓展实训项目三种类型。基本实训项目是与专业培养目标联系紧密，各院校必须开设，且必须在校内完成的职业能力训练项目；选择实训项目是与专业培养目标联系紧密，各院校必须开设，但可以在校内或校外完成的职业能力训练项目；拓展实训项目是与专业培养目标相联系，体现专业发展特色，可根据各院校实际需要开设的职业能力训练项目。

受土建教指委委托，中国建筑工业出版社负责土建类各专业教学基本要求的出版发行。

土建类各专业教学基本要求是土建教指委委员和参与这项工作的教师集体智慧的结晶，谨此表示衷心的感谢。

高职高专教育土建类专业教学指导委员会

2012年12月

前　言

《高等职业教育工业设备安装工程技术专业教学基本要求》是根据教育部《关于委托各专业类教学指导委员会制（修）定“高等职业教育专业教学基本要求”的通知》（教职成司函【2011】158号）和住房城乡建设部的有关要求，在高职高专教育土建类专业教学指导委员会的组织领导下，由建筑设备类专业分指导委员会编制完成。

本教学基本要求编制过程中，对职业岗位、专业人才培养目标与规格，专业知识体系与专业技能体系等开展了广泛调查研究，认真总结实践经验，经过广泛征求意见和多次修改而定稿。本要求是高等职业教育工业设备安装工程技术专业建设的指导性文件。

本教学基本要求主要内容是：专业名称、专业代码、招生对象、学制与学历、就业面向、培养目标与规格、职业证书、教育内容及标准、专业办学基本条件和教学建议、继续学习深造建议；包括两个附录：“工业设备安装工程技术专业教学基本要求实施示例”和“高职高专教育工业设备安装工程技术专业校内实训及校内实训基地建设导则”。

本教学基本要求适用于以普通高中毕业生为招生对象、三年学制的工业设备安装工程技术专业，教育内容包括知识体系和技能体系，倡导各学校根据自身条件和特色构建校本化的课程体系，课程体系应覆盖知识/技能体系的知识/技能单元，尤其是核心知识/技能单元，倡导工学结合、理实一体的课程模式。

本教学基本要求由高职高专土建类专业教学指导委员会建筑设备类专业分指导委员会组织编写，由山西建筑职业技术学院负责具体教学基本要求条文的解释。

主编单位：山西建筑职业技术学院

参编单位：辽宁建筑职业学院

主要起草人员：高文安　陈建军　郭荣伟　王青山　杨玉芬　刘桂征

主要审查人员：刘春泽　符里刚　谢社初　蒋志良　汤万龙　高绍远　颜凌云　金湖庭　黄亦沄　陈宏振　岳井峰　张彦礼　姚世昌　马晋芳　乔宁宁

专业指导委员会衷心地希望，全国各有关高职院校能够在本文件的原则性指导下，进行积极的探索和深入的研究，为不断完善工业设备安装工程技术专业的建设与发展作出自己的贡献。

高职高专教育土建类专业教学指导委员会
建筑设备类专业分指导委员会

目　　录

高等职业教育工业设备安装工程技术专业教学基本要求

1 专业名称

工业设备安装工程技术

2 专业代码

560405

3 招生对象

普通高中毕业生

4 学制与学历

三年制、专科

5 就业面向

5.1 就业职业领域

主要在工业设备安装企业从事施工技术与施工管理、物业管理企业从事建筑设备运行及管理。

5.2 初始就业岗位群

从事工业设备安装行业施工技术与施工管理工作的施工员、造价员、质量员、安全员、资料员、材料员；从事物业行业物业设施运行管理员岗位。

5.3 发展或晋升岗位群

经过5～8年能获取安装工程师、机电工程师、注册造价师、注册建造师及注册设备工程师执业资格证书。

6　培养目标与规格

6.1　培养目标

本专业培养拥护党的基本路线、适应社会主义建设需要，掌握工业设备安装工程技术专业理论和专业技能，能从事机械设备、建筑设备、化工设备、冶金设备及工业管道安装工程施工、监理、测试、运行管理、物业设施管理的适应生产建设、管理、服务第一线需要的德、智、体、美全面发展的技术技能型人才。

6.2　人才培养规格

1. 基本素质要求

（1）政治思想素质

热爱社会主义祖国，拥护中国共产党的领导，事业心强，有奉献精神，具有正确的世界观、人生观、价值观并有良好的社会公德和职业道德。

（2）身体和心理素质

了解体育运动的基本知识，掌握科学锻炼身体的基本技能，养成锻炼身体的习惯，达到国家大学生体育合格标准，具有健康的体魄；具有积极向上的精神状态和良好的心理素质。

（3）文化与社会基础素质

1）具有应用社会主义政治学、经济学和法律法规基本知识，以及运用科学的世界观、方法论对工作和生活中的问题进行分析和判断的基本能力；

2）具有中文写作的基本能力、普通话表述能力和一定的审美能力；

3）具有良好的语言表达能力和社交能力；

4）具有健全的法律意识及一定的创新精神和创业能力；

5）具有整洁、诚实、认真、守时、谦虚、勤奋等基础文明品质；

6）具有商品、市场、竞争、价值、风险、效率、质量、服务、环境、知识、创新、国际等现代意识。

2. 知识要求

（1）具备本专业所必需的数学、工程力学、工程材料、电工电子、信息技术、建筑工程法律法规知识；

（2）具备国家制图标准及工程图绘图原理和绘图方法的基本知识，具备常用测量仪表、仪器的原理、构造、性能和使用基本知识；

（3）具备机械原理和机械零件的基本知识，具备设计和选择机械零、部件的基本知识，具备液压传动基本知识；

（4）具备图纸会审和技术交底的基本知识；

（5）具备机械、建筑、化工、冶金、建材等典型设备的构造、性能以及安装、检测、调试、运行等基本知识；

（6）具备安装钳工、起重工、管工、钣金工、焊工的基础知识，并具备施工验收技术规范、质量评定标准和安全技术规程应用的知识；

（7）具备编制安装工程造价及单位工程施工组织设计与施工方案的知识，具备工程合同、招投标和施工企业管理（含施工项目管理）的基本知识；

（8）了解设备安装工程技术在国内外的新技术、新材料、新工艺和新设备。

3. 职业能力要求

（1）具有应用社会主义政治学、经济学和法律法规基本知识，以及运用科学的世界观、方法论对工作和生活中的问题进行分析和判断的基本能力；

（2）具有中文写作的基本能力、普通话表述能力和一定的审美能力；

（3）具有运用相关知识进行人际交往的能力；

（4）掌握一门外语，能进行简单日常会话和借助工具书阅读外文专业资料的基本能力；

（5）具有进行本专业必须的数学、力学、电工学计算及分析有关问题的基本能力；

（6）具有使用常规计算机操作系统和文字处理及专业应用软件的能力；

（7）具有正确识别、选择工程材料和对工程材料加工的能力，具有合理选择机械零、部件的能力；

（8）具有识读和绘制设备安装工程施工图、金属结构工程施工图，识读简单建筑工程施工图的能力；

（9）具有收集、整理、编制工程施工技术资料的能力；

（10）具有编制施工组织设计文件和施工方案的能力，具有编制大型设备吊装与搬运方案的能力，具有正确使用起重与搬运机、索、吊具和工具的能力；

（11）具有安装工程计量、计价、预决算的能力；

（12）具有一个主要工种的中级工基本操作技能的能力；

（13）具有根据施工验收规范和施工组织管理知识组织本专业工程施工的基本能力，具有参与设备安装企业基层经营管理和工程项目管理工作的能力；

（14）具有进行钢结构的设计计算和工程施工能力；

（15）具有进行施工质量检查评定和施工安全检查的初步能力，熟悉工程验收程序；

（16）具有机械设备安装、测试、调整、运行、维护和故障分析的能力；

（17）具有应用所学知识解决安装工程施工过程中的实际问题的能力。

4. 职业态度要求

（1）具有遵守行业规程，保证施工工程质量的职业道德、职业素质和职业态度；

（2）具备吃苦耐劳、艰苦奋斗、精益求精、热爱本职工作的职业精神；

（3）具有质量意识、安全意识、规范意识、标准意识；

（4）具有团队意识、协作意识、服务意识及沟通交流意识；

(5) 具备节能意识和节约意识；

(6) 具有爱岗敬业、廉洁奉公、积极向上、勇于创新的精神；

(7) 具有解放思想、实事求是的科学态度。

7 职业证书

本专业毕业生按国家有关规定，能获取施工员、造价员、质量员、安全员、资料员、材料员资格证书，能获取安装钳工、起重工、管工、测量工、电工证书，能获取二级建造师执业资格证书。经过5～8年的实践年限能获取注册建造师、注册造价工程师、注册监理工程师及机电工程师执业资格证书。

8 教育内容及标准

8.1 专业教育内容体系框架

以工业设备安装和施工组织管理岗位为主要培养目标，按照岗位工作活动过程完成学生的素质培养、能力锻炼与知识的构建，参照工业设备安装施工员等职业资格标准和国际行业标准，确定岗位的职业能力，实现专业课程体系的构架，形成融理论、实践于一体的职业岗位课程体系。

工业设备安装工程技术专业职业岗位能力与知识分析见表1。

工业设备安装工程技术专业职业岗位能力与知识分析表　　表1

序号	职业岗位	岗位综合能力	职业岗位核心能力	主要知识领域
1	设备安装企业施工员	设备安装施工能力	1. 安装工程施工图识读和设备零件图、装配图的绘制识读能力； 2. 安装工程常用机具、工具的使用能力； 3. 相关工种的基本操作能力； 4. 组织工程施工与工程项目管理能力； 5. 编制施工组织设计和吊装施工方案的能力； 6. 安装工程施工、验收、运行和故障排除能力； 7. 安装工程项目预算和成本控制能力； 8. 工程材料的应用、选择和试验检验能力； 9. 金属结构的设计、计算和制作安装能力； 10. 测量仪器的使用和测量放线、检测调试能力；	1. 施工图识读、绘制的基本知识； 2. 工程施工工艺和方法知识； 3. 工程材料与加工知识； 4. 计算机应用知识； 5. 施工组织知识； 6. 施工管理的基本知识； 7. 工业管道知识； 8. 国家工程建设相关法律法规知识； 9. 金属结构的设计、计算和制作安装知识； 10. 测量仪器的性能和使用知识； 11. 液压传动知识；

续表

序号	职业岗位	岗位综合能力	职业岗位核心能力	主要知识领域
1	设备安装企业施工员	设备安装施工能力	11. 参与施工质量、职业健康安全与环境问题的调查分析能力； 12. 能够记录施工情况，编制相关工程技术资料的能力； 13. 利用专业软件对工程信息资料进行处理能力； 14. 绘制竣工图的能力； 15. 数学、力学的计算能力； 16. 沟通交流能力	12. 电工与电气设备知识； 13. 机械设计基础知识； 14. 设备起重与搬运知识； 15. 人文社会科学知识
2	安装企业造价员	设备安装造价能力	1. 专业工程项目施工图的识读能力； 2. 专业工程项目预算和成本控制能力； 3. 工程计价软件的使用能力； 4. 专业资料查阅、搜集与整理能力； 5. 招标投标文件的编制能力； 6. 获取信息与数据处理能力； 7. 沟通交流能力	1. 施工图识读基本知识； 2. 建筑安装工程定额知识； 3. 工程量计算知识； 4. 工程量清单的编制及计价知识； 5. 工程计价软件的应用知识； 6. 招标投标知识； 7. 国家工程建设相关法律法规知识
3	设备安装企业质量员	设备安装质量检测	1. 专业工程项目施工图的识读能力； 2. 编制施工项目质量计划能力； 3. 评价材料、设备质量能力； 4. 判断施工试验结果能力； 5. 能够确定施工质量控制点； 6. 能够参与编写质量控制措施等质量控制文件，并实施质量交底； 7. 进行工程质量检查、验收、评定工程项目能力； 8. 调查、判断质量事故，分析并提出处理意见的能力； 9. 编制、收集、整理质量资料的能力； 10. 沟通交流能力	1. 施工图识读基本知识； 2. 工程施工工艺和方法知识； 3. 工程材料与加工检测知识； 4. 工程质量管理的基本知识； 5. 材料试验的内容、方法和判定标准； 6. 工程质量问题的分析、预防及处理方法； 7. 人文社会科学知识； 8. 国家工程建设相关法律法规知识

续表

序号	职业岗位	岗位综合能力	职业岗位核心能力	主要知识领域
4	设备安装企业安全员	设备安装安全管理	1. 参与编制项目安全生产管理计划能力； 2. 参与编制安全事故应急救援预案能力； 3. 参与对施工机械、临时用电、消防设施进行安全检查，对防护用品与劳保用品进行符合性评价能力； 4. 组织实施项目作业人员的安全教育培训能力； 5. 参与编制安全专项施工方案能力； 6. 参与编制安全技术交底文件并实施安全技术交底能力； 7. 识别施工现场危险源，并对安全隐患和违章作业进行处置能力； 8. 参与项目文明施工、绿色施工管理能力； 9. 参与安全事故的救援处理、调查分析能力； 10. 编制、收集、整理施工安全资料能力； 11. 参与施工质量、职业健康安全与环境问题的调查分析能力	1. 施工图识读基本知识； 2. 施工现场安全生产知识； 3. 施工项目安全生产管理计划的内容和编制知识； 4. 安全专项施工方案的内容和编制知识； 5. 施工现场安全事故的防范知识； 6. 安全事故救援处理知识； 7. 施工现场安全用电知识； 8. 国家工程建设相关法律法规知识； 9. 人文社会科学知识
5	设备安装企业资料员	设备安装资料管理	1. 参与编制施工资料管理计划能力； 2. 建立施工资料台账能力； 3. 进行施工资料交底能力； 4. 收集、审查、整理施工资料能力； 5. 检索、处理、存储、传递、追溯、应用施工资料能力； 6. 安全保管施工资料能力； 7. 对施工资料立卷、归档、验收、移交能力； 8. 参与建立施工资料计算机辅助管理平台能力； 9. 应用专业软件进行施工资料的处理能力； 10. 沟通交流能力	1. 施工图识读、绘制的基本知识； 2. 工程施工工艺和方法知识； 3. 工程竣工验收备案管理知识； 4. 城建档案管理、施工资料管理及建筑业统计的基础知识； 5. 资料安全管理知识； 6. 人文社会科学知识； 7. 国家工程建设相关法律法规知识

专业教育内容体系由普通教育内容、专业教学内容和拓展教育内容三大部分构成。

1. 普通教育内容包括：思想政治理论、自然科学、人文社会科学、高等数学、外语、计算机应用基础、体育、实践训练。

2. 专业教学内容包括：

专业基础理论：机械制图、工程力学、电工与电气设备、工程材料与加工工艺、焊接工艺、机械设计基础、工程测量、安装测试技术、工业设备安装工艺、金属结构、吊装技术、工程定额与计价、施工组织与管理、工业管道安装。

专业实践训练：认识实习、机械制图实训、工种（车工、钳工、管工、钣金工、焊工）技能操作实训、机械设计实训、金属结构实训、测量实训、安装工艺实训、吊装技术实训、工程造价实训、施工组织设计实训、毕业顶岗实训。

3. 拓展教育内容包括：建筑概论、液压传动、工程监理、工程建设法规、建筑钢结构、机械CAD。

8.2 专业教学内容及标准

1. 专业知识、技能体系一览

（1）专业知识体系一览见表2。

工业设备安装工程技术专业知识体系一览 **表2**

知识领域	知识单元		知识点
1. 机械制图知识	核心知识单元	（1）制图基本知识	1）国家标准的一般规定 2）绘图工具的使用 3）平面图形的分析与画法
		（2）画法几何	1）投影基础 2）三视图 3）轴测图 4）剖面图与断面图
		（3）零件图	1）标准件 2）常用件 3）零件图画法
		（4）装配图	1）装配图的表达方法 2）读装配图 3）由装配图拆画零件图
	选修知识单元	立体的表面展开	1）平面立体的表面展开 2）可展曲面的表面展开

续表

知识领域	知　识　单　元		知　识　点
2. 工程力学知识	核心知识单元	（1）静力学	1）静力学基础 2）平面基本力系 3）平面任意力系 4）空间力系
		（2）运动学	1）运动学基础 2）点的合成运动 3）刚体的平面运动
		（3）动力学	1）质点运动 2）动量、动量矩 3）动能定理
		（4）材料力学	1）轴向拉伸与压缩 2）剪切与挤压 3）圆轴扭转弯曲 4）平面弯曲 5）应力状态分析和强度理论 6）组合变形 7）压杆的稳定
	选修知识单元	动载荷与交变应力	1）冲击与振动的应力计算 2）提高抗疲劳能力的措施
3. 电工与电气设备知识	核心知识单元	（1）电工知识	1）电路的基本知识和基本定律 2）交、直流电路分析计算 3）变压器与三相异步交流电动机
		（2）施工现场供电	1）变配电设备 2）电力负荷计算 3）导线及控制保护设备选择
		（3）电气照明	1）照明方式及种类 2）电光源及灯具 3）照明设计
		（4）建筑防雷与安全用电	1）防雷装置及安装 2）接地装置及安装 3）安全用电
	选修知识单元	（1）电气施工基本知识	1）配电系统 2）照明系统工程施工
		（2）建筑弱电系统基本知识	1）安全防范系统 2）电气消防系统 3）综合布线系统

续表

知识领域	知识单元		知识点
4. 工程材料与加工工艺知识	核心知识单元	(1) 机械工程材料基础	1) 常用工程材料的性能 2) 金属的晶体结构与结晶 3) 铁碳相图和钢的热处理
		(2) 热加工工艺基础	1) 铸造 2) 锻压 3) 焊接 4) 机械零件材料和毛坯选择
		(3) 机械加工工艺基础	1) 金属切削加工基础 2) 各种表面的加工方法 3) 机械加工工艺过程基本知识
	选修知识单元	(1) 非金属材料与复合材料	1) 有机高分子材料 2) 无机非金属材料 3) 复合材料
		(2) 工程材料的表面处理	常用表面处理方法
5. 焊接工艺知识	核心知识单元	(1) 焊接冶金基础	1) 焊接过程 2) 有害元素对焊缝金属的作用 3) 焊接接头的组织与性能
		(2) 焊接应力与变形	1) 焊接残余应力 2) 焊接残余变形
		(3) 焊接材料	1) 焊条、焊丝和焊剂 2) 焊接用气体 3) 其他焊接材料
		(4) 焊接工艺	1) 手工电弧焊 2) 气体保护焊 3) 其他焊接方法
		(5) 焊接缺陷与检验	1) 焊缝中的气孔与夹杂物 2) 焊接裂纹 3) 焊接检验
	选修知识单元	各种金属材料的焊接性能	不锈钢、铬钼耐热钢、铝合金及铜合金的焊接

续表

知识领域	知识单元		知识点
6. 机械设计基础知识	核心知识单元	(1) 常用机构	1) 平面四杆机构 2) 凸轮机构 3) 齿轮传动机构
		(2) 常用连接	1) 螺纹连接 2) 键连接
		(3) 机械传动	1) 带传动 2) 链传动 3) 齿轮传动 4) 蜗杆传动
		(4) 轴和轴系部件	1) 轴的结构设计和强度计算 2) 轴承的寿命计算和组合设计
	选修知识单元	(1) 间歇运动机构	1) 棘轮机构 2) 槽轮机构 3) 不完全齿轮机构
		(2) 摩擦、磨损及润滑	1) 摩擦、磨损 2) 常用密封装置
		(3) 其他常用零、部件	1) 联轴器 2) 离合器
		(4) 机械的平衡与调速	1) 刚性回转件的平衡 2) 机器周期性速度波动的调节
7. 工程测量知识	核心知识单元	(1) 水准测量	1) 水准仪使用 2) 水准测量的外业、内业
		(2) 角度测量	1) 经纬仪的使用 2) 水平角和竖直角测量
		(3) 测设的基本工作	1) 水平角、距离及高程的测设 2) 点的平面位置测设
	选修知识单元	(1) 测量误差	1) 等精度观测计算 2) 测量误差处理
		(2) 全站仪	1) 仪器的组成及工作原理 2) 全站仪在设备安装精度中的检测

续表

知识领域	知识单元		知识点
8. 安装测试技术知识	核心知识单元	(1) 测量测试理论	1) 量具和量仪的使用 2) 测量误差理论 3) 误差数据处理
		(2) 安装工程的精度	1) 尺寸链 2) 设备安装主要精度检测方法 3) 设备的校正
	选修知识单元	机械振动与机械平衡	机械参数电测技术
9. 工业设备安装工艺知识	核心知识单元	(1) 设备安装前准备工作	1) 设备基础检查、放线 2) 设备开箱检查、放线
		(2) 典型零、部件的装配	1) 螺纹、键和销连接的装配 2) 过盈件的装配 3) 滑动轴承的装配 4) 齿轮装配
		(3) 工业锅炉安装	1) 锅炉钢架安装 2) 汽包安装 3) 受热面管束的安装 4) 水压试验
		(4) 压缩机的安装	1) 活塞式压缩机安装 2) 离心式压缩机安装
	选修知识单元	其他典型设备安装	1) 汽轮机安装 2) 电梯安装 3) 塔类设备安装
10. 金属结构知识	核心知识单元	(1) 金属结构的设计基础	1) 金属结构材料的力学性能 2) 金属结构的设计方法和荷载计算
		(2) 钢结构的连接	1) 钢结构焊接连接计算 2) 普通螺栓和高强螺栓连接计算
		(3) 基本构件	1) 轴心受力构件 2) 受弯构件 3) 拉弯、压弯构件
		(4) 起重臂架与桅杆	1) 起重臂架 2) 桅杆
	选修知识单元	其他金属结构	1) 轻型门式刚架 2) 网架结构 3) 屋盖结构

续表

知识领域	知识单元		知识点
11. 吊装技术知识	核心知识单元	（1）吊装机具的选用与计算	1）钢丝绳选用 2）滑轮组选用 3）卷扬机选用 4）地锚选用
		（2）自行式起重机及其应用	1）自行式起重机的选用 2）自行式起重机的使用和安全管理
		（3）重型设备吊装	1）重型设备吊装方法 2）吊装储罐类设备 3）吊装塔类设备
	选修知识单元	（1）桅杆及其应用	1）桅杆的受力分析和内力计算 2）缆风绳的计算
		（2）设备吊装实例与事故分析	1）吊装电站锅炉 2）吊装转炉 3）吊装事故分析
12. 工程定额与计价知识	核心知识单元	（1）工程建设概述	1）工程建设程序 2）建设工程项目组成
		（2）安装工程计价基础	1）安装工程计价定额的组成、内容与应用 2）《工程量清单计价规范》的组成、内容与应用
		（3）安装工程造价	1）定额计价模式下费用组成及计取方法 2）清单计价模式下费用组成及计取方法
		（4）单位工程施工图预算的编制	1）单位工程施工图预算编制的程序、方法和步骤 2）建筑采暖、给排水工程造价的编制 4）电气安装工程造价的编制 5）机械设备安装工程造价的编制 6）非标设备工程造价的编制
		（5）安装工程施工预算	1）施工预算的编制程序 2）施工预算编制案例
	选修知识单元	工程造价预算软件	软件的应用

续表

知识领域	知 识 单 元		知 识 点
13. 施工组织与管理知识	核心知识单元	(1) 单位工程施工组织设计	1) 流水施工 2) 网络图计划技术 3) 单位工程施工组织设计的编制
		(2) 施工管理	1) 合同管理 2) 成本管理 3) 进度管理 4) 质量管理 6) 生产要素管理 7) 施工项目后期管理
	选修知识单元	工程项目档案	工程项目档案管理
14. 工业管道安装知识	核心知识单元	(1) 工业管道基础	1) 管材 2) 工业管道
		(2) 管道加工	1) 钢管矫正 2) 弯管加工 3) 三通及变径管 4) 管子套丝
		(3) 管道连接	1) 螺纹连接 2) 法兰连接 3) 焊接连接 4) 承插连接
		(4) 管道吊装及敷设	1) 管道埋地敷设 2) 管道地沟敷设 3) 管道架空敷设
		(5) 管道试压、吹扫与清洗	1) 管道试压 2) 管道的清洗
		(6) 管道防腐与绝热	1) 管道的防腐 2) 管道的绝热保温
	选修知识单元	(1) 管道施工安全技术	1) 作业现场安全技术 2) 防火防爆安全技术
		(2) 管道工常用工具	1) 一般工具及使用 2) 千斤顶与管压钳 3) 手电钻、台钻与砂轮机 4) 试压泵与活动水泵
		(3) 常用材料及器材	常用管材、管件、阀门、仪表
		(4) 常用管件及暖卫器具的通用安装	1) 常用阀门、支架的安装 2) 常用卫生器具及其安装 3) 常用散热器及其安装

（2）专业技能体系一览见表3。

工业设备安装工程技术专业技能体系一览 **表3**

项目定岗技能	专业技能		技能点
1. 机械图绘制	核心技能单元	（1）零件测绘	1）测绘工具的用法 2）标准件尺寸的确定方法 3）零件工作图的绘制
		（2）部件测绘	1）分析和拆卸部件 2）画装配示意图 3）测绘零件、画零件草图 4）画装配图
		（3）零件图绘制	1）分析标准件和常用件 2）根据零件草图画零件图
		（4）装配图绘制	1）装配图的视图选择 2）装配图的画法 3）装配图的尺寸、技术要求和标注
	选修技能单元	装配图CAD绘制	1）绘图软件的使用 2）装配图的应用
2. 工种操作	核心技能单元	（1）车工操作	1）常用机床、工具、刀具的使用及维护 2）车削外圆、端面、台阶、外圆锥面、切断与车槽 3）车削拉伸试件
		（2）钳工操作	1）常用工具的使用及维护保养 2）划线、锯削、錾削、锉削操作 3）制作钳工工具或产品零件
		（3）管道工操作	1）常用工具的使用及维护保养 2）钢管的切断连接 3）塑料管的切断连接
		（4）钣金工操作	1）常用工具的使用及维护保养 2）简单构件的展开图 3）薄板下料、连接
	选修技能单元	焊工操作	1）手工电弧焊基本操作 2）气焊、气割基本操作

续表

项目定岗技能	专业技能		技能点
3. 金相组织判断	核心技能单元	金属显微组织观察	1）金属材料的硬度 2）金相显微分析基础知识 3）铁碳合金平衡组织观察 4）碳钢热处理后的显微组织观察 5）工业用钢、铸铁、有色金属的金相组织观察
	选修技能单元	其他显微组织观察	1）锻件的纤维组织观察 2）焊接接头的显微组织观察
4. 机械设计	核心技能单元	圆柱齿轮减速器设计	1）传动装置总体设计 2）传动零件设计计算 3）装配图的绘制 4）零件工作图的绘制 5）编写设计计算说明书
	选修技能单元	蜗杆减速器设计	1）传动装置总体设计 2）传动零件设计计算 3）蜗杆传动的热平衡计算 4）装配图的绘制 5）零件工作图的绘制 6）编写设计计算说明书
5. 金属结构设计	核心技能单元	单桅杆设计	1）设计计算说明书 2）桅杆施工图
	选修技能单元	工业厂房钢屋架设计	1）屋架形式及尺寸 2）屋盖支撑布置 3）荷载及内力计算 4）杆件截面选择及节点设计 5）绘制屋架施工图
6. 安装工艺测试	核心技能单元	（1）水准测量、经纬测量	1）高程测设 2）角度测设 3）点平面位置测设
		（2）设备安装精度分析	1）精度检测工具 2）精度检测方法 3）编制安装工艺卡
	选修技能单元	工业设备安装	1）精度检测方法 2）安装工艺流程 3）编制安装工艺卡

续表

项目定岗技能	专业技能		技能点
7. 吊装方案设计	核心技能单元	(1) 吊装受力计算、吊车选择	1) 吊装受力分析 2) 吊装机具性能分析 3) 吊车起重特性曲线
		(2) 典型设备吊装方案编制	1) 吊装方法选择 2) 吊装方案编制内容
	选修技能单元	桅杆吊装方案编制	使用桅杆进行大型钢架吊装
8. 工程造价	核心技能单元	(1) 机械设备安装工程施工图预算	1) 划分和排列分项工程项目 2) 统计计算工程量 3) 套定额确定直接费 4) 计算各项取费确定工程造价
		(2) 非标设备制作安装施工图预算	1) 划分和排列分项工程项目 2) 统计计算工程量 3) 套定额确定直接费 4) 计算各项取费确定工程造价
	选修技能单元	施工预算的编制	1) 划分和排列分项工程项目 2) 分部分项工程工料分析 3) 套定额确定直接费 4) 两算对比
9. 施工组织设计	核心技能单元	桥式起重机吊装方案设计	1) 施工方案选择 2) 编制施工进度计划 3) 编制主要资源需要量计划 4) 施工平面图设计 5) 主要安全技术措施
	选修技能单元	高塔设备吊装方案设计	1) 选择施工方案 2) 编制施工进度计划 3) 编制主要资源需要量计划 4) 施工平面图设计 5) 拟定组织措施
10. 项目顶岗操作	核心技能单元	(1) 施工技术员操作	施工员、质量员、安全员、资料员
		(2) 技术工种操作	钳工、焊工、管工、起重工、车工
		(3) 工程造价	预算员、招投标标书编制
		(4) 项目管理	工长、项目经理助理
		(5) 项目技术管理	1) 安装施工方案编制 2) 吊装方案编制 3) 施工组织设计编制
	选修技能单元	锅炉设备安装	施工方案、吊装方案、精度检测方案、预算、横道图、网络图

2. 核心知识单元、技能单元教学要求

（1）核心知识单元教学要求见表4～表56。

制图基本知识知识单元教学要求 **表4**

单元名称	制图基本知识		最低学时	12学时
教学目标	1. 了解图幅、比例、字体、图线、尺寸注法等的一般规定； 2. 能熟练使用绘图工具，掌握正确的绘图方法； 3. 熟练掌握直线、圆、圆弧等的基本作图方法； 4. 熟悉平面图形中各尺寸的作用、各线段的性质，以及他们之间的相互关系分析，并在此基础上正确确定画图步骤及正确、完整的标注尺寸； 5. 了解绘制仪器图和徒手图的方法和步骤			
教学内容	知识点	主要学习内容		
	1. 制图国家标准的一般规定	图纸幅面、边框和标题栏、比例、字体、图线、尺寸标注		
	2. 绘图工具的使用	绘图工具以及使用方法、绘图工作方法		
	3. 平面图形的分析与画法	等分线段和圆周、圆弧的画法，平面图形分析、平面图形画法、平面图形尺寸标注、斜度、锥度、平面曲线		
教学方法建议	1. 项目教学法。按照项目导入——项目解析——项目实战——成果展示——项目评价的教学步骤展开。 2. 案例法。通过工程实例进行案例分析			
教学场所	1. 教学场景：多媒体教室，绘图室； 2. 工具设备：多媒体设备，设计绘图设备； 3. 教师配备：专业教师1人			
考核评价要求	1. 学生自评、互评、教师评价，以过程考核为主； 2. 过程考核40%，知识与能力考核30%，结果考核30%			

画法几何知识单元教学要求 **表5**

单元名称	画法几何	最低学时	36学时
教学目标	1. 掌握点、线、面的投影特性及空间任意位置的投影规律，正确判别可见性； 2. 掌握点、线、面的位置关系并正确判别可见性； 3. 掌握几何体三视图的做法； 4. 掌握几何体表面上点的投影规律并判别可见性； 5. 了解轴测投影的形成、分类和轴向变形系数、轴间角； 6. 掌握轴测图的画法； 7. 掌握组合体的组合形式及形体分析法； 8. 掌握组合体的画法及尺寸标注； 9. 熟悉基本视图的表示方法，了解斜视图和旋转视图； 10. 掌握剖视图的种类和剖切方法，掌握剖视图上的尺寸注法； 11. 掌握剖面图和局部视图的表示方法		

续表

单元名称	画法几何	最低学时	36学时
教学内容	知识点	主要学习内容	
	1. 点、线、面的投影	点的投影、直线的投影、平面的投影、换面法、旋转法求实长、实形	
	2. 立体的投影	平面立体、棱柱、棱锥的三面投影及表面上点的投影，圆柱、圆锥、圆球等回转体的三面投影及表面上点的投影	
	3. 轴测图平面图形的分析与画法	轴测投影基本知识、轴测图画法、正等测图、斜二测图	
	4. 组合体的投影	组合体形体分析、组合体三视图画法、组合体轴测图画法、组合体尺寸标注、读组合体三视图的方法	
	5. 剖面图与断面图	六个基本视图的形成、名称、位置关系及其标注方法，局部视图、斜视图、旋转视图的用途、画法及其标注方法，剖视图的种类、画法及标注，剖面图的种类、画法及标注，局部放大图	
教学方法建议	1. 项目教学法。按照项目导入——项目解析——项目实战——成果展示——项目评价的教学步骤展开。 2. 案例法。通过工程实例进行案例分析		
教学场所	1. 教学场景：多媒体教室，绘图室； 2. 工具设备：多媒体设备，设计绘图设备； 3. 教师配备：专业教师1人		
考核评价要求	1. 学生自评、互评、教师评价，以过程考核为主； 2. 过程考核40%，知识与能力考核30%，结果考核30%		

零件图知识单元教学要求 **表6**

单元名称	零件图	最低学时	36学时
教学目标	1. 掌握标准件的画法、标注方法；螺纹紧固件和螺栓连接件的画法；键、销、滚动轴承的连接及表示方法；掌握齿轮、蜗轮蜗杆、弹簧的画法； 2. 了解零件图的作用和内容，熟悉零件上常见的工艺结构；掌握零件的结构形状分析方法、能够正确选择主视图和其他视图； 3. 掌握零件图上的尺寸标注方法、表面粗糙度、公差与配合的注法、形位公差的注法； 4. 了解零件图的看图方法和步骤、零件的测绘步骤		
教学内容	知识点	主要学习内容	
	1. 标准件、常用件	螺纹、弹簧、键、齿轮、轴承	
	2. 零件	零件图用途、内容及格式、零件图视图选择原则、零件图尺寸标注、零件图的工艺结构、零件图上技术要求的标注、零件测绘、读零件工作图	
教学方法建议	1. 项目教学法。按照项目导入——项目解析——项目实战——成果展示——项目评价的教学步骤展开。 2. 案例法。通过工程实例进行案例分析		

续表

<table>
<tr><th>单元名称</th><th>零件图</th><th>最低学时</th><th>36 学时</th></tr>
<tr><td>教学场所</td><td colspan="3">1. 教学场景：多媒体教室，绘图室；
2. 工具设备：多媒体设备，设计绘图设备；
3. 教师配备：专业教师 1 人</td></tr>
<tr><td>考核评价要求</td><td colspan="3">1. 学生自评、互评、教师评价，以过程考核为主；
2. 过程考核 40%，知识与能力考核 30%，结果考核 30%</td></tr>
</table>

装配图知识单元教学要求 **表 7**

<table>
<tr><th>单元名称</th><th>装配图</th><th>最低学时</th><th>28 学时</th></tr>
<tr><td>教学目标</td><td colspan="3">1. 了解装配图的作用和内容；
2. 掌握装配图的视图选择和装配图的规定画法；
3. 掌握装配图中的尺寸和技术要求、零部件序号和明细栏的表示方法；
4. 了解看装配图的方法和步骤；会由装配图拆画零件图</td></tr>
<tr><td rowspan="6">教学内容</td><td>知识点</td><td colspan="2">主要学习内容</td></tr>
<tr><td>1. 装配图的表达方法</td><td colspan="2">装配图的表达方法、特点</td></tr>
<tr><td>2. 装配图的视图选择</td><td colspan="2">装配图的测绘方法与步骤</td></tr>
<tr><td>3. 装配图的尺寸和技术要求</td><td colspan="2">尺寸标注、技术要求的标注</td></tr>
<tr><td>4. 机器上常见装配结构的画法</td><td colspan="2">由装配图拆画零件工作图</td></tr>
<tr><td>5. 装配图</td><td colspan="2">识读装配图的方法和步骤</td></tr>
<tr><td>教学方法建议</td><td colspan="3">1. 项目教学法。按照项目导入——项目解析——项目实战——成果展示——项目评价的教学步骤展开。
2. 案例法。通过工程实例进行案例分析</td></tr>
<tr><td>教学场所</td><td colspan="3">1. 教学场景：多媒体教室，绘图室；
2. 工具设备：多媒体设备，设计绘图设备；
3. 教师配备：专业教师 1 人</td></tr>
<tr><td>考核评价要求</td><td colspan="3">1. 学生自评、互评、教师评价，以过程考核为主；
2. 过程考核 40%，知识与能力考核 30%，结果考核 30%</td></tr>
</table>

静力学知识单元教学要求 **表 8**

<table>
<tr><th>单元名称</th><th>静力学</th><th>最低学时</th><th>30 学时</th></tr>
<tr><td>教学目标</td><td colspan="3">1. 理解静力学的基本概念和公理；掌握物体的受力分析和受力图；
2. 掌握平面基本力系的合成与平衡条件；
3. 掌握平面任意力系的合成与平衡条件；
4. 了解空间力系的应用，掌握重心的计算方法；
5. 掌握摩擦角与自锁，了解考虑摩擦时物体的平衡问题</td></tr>
</table>

续表

单元名称	静力学	最低学时	30学时
教学内容	知识点	主要学习内容	
	1. 静力学基础	静力学的基本概念和公理、约束与约束反力、物体的受力分析和受力图	
	2. 平面基本力系	力在轴上的投影和合力矩定理，汇交力系的合成与平衡，力矩、力偶及其性质，力偶系的合成与平衡条件	
	3. 平面任意力系	力系平移定理、力系的简化、力系的平衡与解题步骤、平面一般力系的平衡条件、物体系统的平衡、静定和超静定问题、摩擦角与自锁、考虑摩擦时物体的平衡问题	
	4. 空间力系和重心	力对轴之矩、空间任意力系的平衡方程、平行力系的中心和重心	
教学方法建议	1. 项目教学法。按照项目导入——项目解析——项目实战——成果展示——项目评价的教学步骤展开。 2. 案例法。通过工程实例进行案例分析		
教学场所	1. 教学场景：多媒体教室； 2. 工具设备：多媒体设备，设计绘图设备； 3. 教师配备：专业教师1人		
考核评价要求	1. 学生自评、互评、教师评价，以过程考核为主； 2. 过程考核40%，知识与能力考核30%，结果考核30%		

运动学知识单元教学要求 **表9**

单元名称	运动学	最低学时	30学时
教学目标	1. 掌握点的运动方程； 2. 掌握刚体平动的角速度和角加速度，了解刚体的定轴转动； 3. 掌握绝对运动、相对运动、牵连运动、速度合成定理，理解牵连运动为平动时的加速度合成定理； 4. 掌握用瞬心法求平面图形上各点的速度，了解用基点法、速度投影定理求平面图形上各点的速度		
教学内容	知识点	主要学习内容	
	1. 运动学基础	点的运动方程、点的速度与加速度、刚体的平动、刚体的定轴转动	
	2. 点的合成运动	绝对运动、相对运动、牵连运动、速度合成定理、平动时的加速度合成定理	
	3. 刚体的平面运动	平面运动的概念及运动方程，用基点法、速度投影定理求平面图形上各点的速度，用瞬心法求平面图形上各点的速度	
教学方法建议	1. 项目教学法。按照项目导入——项目解析——项目实战——成果展示——项目评价的教学步骤展开。 2. 案例法。通过工程实例进行案例分析		
教学场所	1. 教学场景：多媒体教室； 2. 工具设备：多媒体设备； 3. 教师配备：专业教师1人		
考核评价要求	1. 学生自评、互评、教师评价，以过程考核为主； 2. 过程考核40%，知识与能力考核30%，结果考核30%		

动力学知识单元教学要求 **表 10**

单元名称	动力学	最低学时	18 学时
教学目标	1. 掌握质点运动微分方程； 2. 理解质点运动学的两类基本问题； 3. 掌握动量定理、动量矩定理； 4. 了解刚体转动微分方程、刚体对轴的转动惯量； 5. 掌握动能定理，势能、机械能守恒定理		
教学内容	知识点	主要学习内容	
	1. 质点运动	运动学的基本规律、质点运动微分方程、质点运动学的两类基本问题	
	2. 动量、动量矩	动力学普遍定理概述、动量和力的冲量、动量定理、质心运动定理、动量矩、动量矩定理、刚体转动微分方程、刚体对轴的转动惯量	
	3. 动能定理	功、动能定理、功率与功率方程、势能、机械能守恒定理	
教学方法建议	1. 项目教学法。按照项目导入——项目解析——项目实战——成果展示——项目评价的教学步骤展开。 2. 案例法。通过工程实例进行案例分析		
教学场所	1. 教学场景：多媒体教室； 2. 工具设备：多媒体设备； 3. 教师配备：专业教师 1 人		
考核评价要求	1. 学生自评、互评、教师评价，以过程考核为主； 2. 过程考核 40%，知识与能力考核 30%，结果考核 30%		

材料力学知识单元教学要求 **表 11**

单元名称	材料力学	最低学时	80 学时
教学目标	1. 掌握杆件的基本变形，了解材料力学的基本假设； 2. 掌握拉压杆的强度计算，了解拉伸与压缩时材料的力学性能和拉压静不定问题； 3. 掌握剪切与挤压的实用计算，了解纯剪切、切应力互等定理； 4. 掌握圆周扭转时的强度与刚度计算； 5. 掌握剪力图与弯矩图、弯曲强度条件计算及提高梁弯曲强度的措施，掌握剪力、弯矩和均部荷载间的微分关系； 6. 掌握弯曲刚度计算和提高梁弯曲刚度措施，了解积分法计算梁的基本变形； 7. 掌握应力状态理论，了解工程中常用的四种强度理论及其应用； 8. 熟悉拉伸与弯曲的组合变形计算、扭转与弯曲的组合变形计算		

续表

单元名称	材料力学	最低学时	80学时
教学内容	知识点	主要学习内容	
	1. 轴向拉伸与压缩	材料力学基础，轴线拉压横截面上的内力与应力，拉压杆的变形（胡克定理），拉伸与压缩时材料的力学性能，拉压杆的强度计算，拉压杆超静定问题	
	2. 剪切与挤压	剪切与挤压的实用计算，纯剪切、切应力互等定理，剪切胡克定理	
	3. 圆轴扭转	扭转时的内力，圆周扭转时的应力与变形，圆周扭转时的强度与刚度计算	
	4. 弯曲	平面弯曲的概念，梁的计算简图，梁的内力，剪力图与弯矩图，剪力、弯矩和载荷集度的微分关系，梁的应力，弯曲强度条件计算，梁弯曲时的变形，提高梁弯曲强度和刚度措施	
	5. 应力状态分析和强度理论	应力状态理论，平面应力状态分析，最大切应力和广义胡克定理，强度理论	
	6. 组合变形	工程中的组合变形问题，拉伸与弯曲的组合变形计算，扭转与弯曲的组合变形计算	
	7. 压杆的稳定计算	三种柔度，欧拉公式适用条件，压杆稳定性计算	
教学方法建议	1. 项目教学法。按照项目导入——项目解析——项目实战——成果展示——项目评价的教学步骤展开。 2. 案例法。通过工程实例进行案例分析		
教学场所	1. 教学场景：多媒体教室； 2. 工具设备：多媒体设备； 3. 教师配备：专业教师1人		
考核评价要求	1. 学生自评、互评、教师评价，以过程考核为主； 2. 过程考核40%，知识与能力考核30%，结果考核30%		

电工知识单元教学要求 **表12**

单元名称	电工知识	最低学时	26学时
教学目标	1. 熟悉正弦交流电的三要素，熟悉单相交流电路与三相交流电路的基本知识和基本理论； 2. 掌握电路中两个基本约束关系，即欧姆定律和基尔霍夫定律； 3. 熟悉三相电源和三相负载的两种接法，掌握对称、非对称三相电路的分析计算，掌握三相四线供电系统的特点； 4. 了解变压器、电动机、低压控制与保护电器的一般结构与简单的工作原理		
教学内容	知识点	主要学习内容	
	1. 电路的基本知识和基本定律	电路的组成、电路的基本物理量、电路的基本状态、欧姆定律、基尔霍夫定律	
	2. 交、直流电路分析计算	直流电路计算，单相、三相交流电路计算	
	3. 变压器与三相异步交流电动机	单相、三相电动机的结构及工作原理	

续表

<table>
<tr><th>单元名称</th><th colspan="2">电工知识</th><th>最低学时</th><th>26 学时</th></tr>
<tr><td>教学方法建议</td><td colspan="4">1. 项目教学法。按照项目导入——项目解析——项目实战——成果展示——项目评价的教学步骤展开。
2. 案例法。通过工程实例进行案例分析</td></tr>
<tr><td>教学场所</td><td colspan="4">1. 教学场景：多媒体教室，电工实验室；
2. 工具设备：多媒体设备，电气操作台；
3. 教师配备：专业教师 1 人</td></tr>
<tr><td>考核评价要求</td><td colspan="4">1. 学生自评、互评、教师评价，以过程考核为主；
2. 过程考核 40%，知识与能力考核 30%，结果考核 30%</td></tr>
</table>

施工现场供电知识单元教学要求 **表 13**

<table>
<tr><th>单元名称</th><th colspan="2">施工现场供电</th><th>最低学时</th><th>28 学时</th></tr>
<tr><td>教学目标</td><td colspan="4">1. 理解施工现场供电、照明和安全用电基本知识；
2. 熟悉 10kV 变电所的结构；
3. 了解常用的高低压设备、电力变压器的结构及工作原理；
4. 掌握负荷计算、导线及控制保护设备选择；
5. 掌握识读电气工程图和处理电路、电气设备故障的初步能力</td></tr>
<tr><td rowspan="3">教学内容</td><td>知识点</td><td colspan="3">主要学习内容</td></tr>
<tr><td>1. 变配电设备</td><td colspan="3">电力变压器的结构及工作原理、高低压开关设备、10kV 变电所</td></tr>
<tr><td>2. 负荷计算、导线及控制保护设备选择</td><td colspan="3">利用需要系数法进行负荷计算、导线选择、控制保护设备选型</td></tr>
<tr><td>教学方法建议</td><td colspan="4">1. 项目教学法。按照项目导入——项目解析——项目实战——成果展示——项目评价的教学步骤展开。
2. 案例法。通过工程实例进行案例分析</td></tr>
<tr><td>教学场所</td><td colspan="4">1. 教学场景：多媒体教室，电工实验室；
2. 工具设备：多媒体设备，电气操作台；
3. 教师配备：专业教师 1 人</td></tr>
<tr><td>考核评价要求</td><td colspan="4">1. 学生自评、互评、教师评价，以过程考核为主；
2. 过程考核 40%，知识与能力考核 30%，结果考核 30%</td></tr>
</table>

电气照明知识单元教学要求 **表 14**

<table>
<tr><th>单元名称</th><th colspan="2">电气照明</th><th>最低学时</th><th>30 学时</th></tr>
<tr><td>教学目标</td><td colspan="4">1. 熟悉基本的照明方式和照明种类；
2. 了解常用的电光源和灯具；
3. 掌握电气照明计算；
4. 掌握电气照明施工图、照明电路敷设方法</td></tr>
<tr><td rowspan="4">教学内容</td><td>知识点</td><td colspan="3">主要学习内容</td></tr>
<tr><td>1. 照明方式及种类</td><td colspan="3">照明方式、照明种类、照明电路敷设方法</td></tr>
<tr><td>2. 光源及灯具</td><td colspan="3">常用的电光源、常用的灯具</td></tr>
<tr><td>3. 照明设计</td><td colspan="3">照明计算、照明控制线路、照明施工图</td></tr>
</table>

续表

单元名称	电气照明	最低学时	30学时
教学方法建议	1. 项目教学法。按照项目导入——项目解析——项目实战——成果展示——项目评价的教学步骤展开。 2. 案例法。通过工程实例进行案例分析		
教学场所	1. 教学场景：多媒体教室，电工实验室； 2. 工具设备：多媒体设备，电气操作台； 3. 教师配备：专业教师1人		
考核评价要求	1. 学生自评、互评、教师评价，以过程考核为主； 2. 过程考核40%，知识与能力考核30%，结果考核30%		

建筑防雷与安全用电知识单元教学要求　　表15

单元名称	建筑防雷与安全用电	最低学时	12学时
教学目标	1. 了解安全用电的基本知识； 2. 熟悉常用的防雷接地装置； 3. 掌握基本的接地形式，防雷和安全用电基本知识，具有识读电气工程图和处理电路、电气设备故障的初步能力		
教学内容	知识点	主要学习内容	
	1. 防雷装置及安装	防雷措施、防雷装置	
	2. 接地装置及安装	接地形式、接地装置	
教学方法建议	1. 项目教学法。按照项目导入——项目解析——项目实战——成果展示——项目评价的教学步骤展开。 2. 案例法。通过工程实例进行案例分析		
教学场所	1. 教学场景：多媒体教室，电工实验室，项目现场； 2. 工具设备：多媒体设备，电气操作台； 3. 教师配备：专业教师1人		
考核评价要求	1. 学生自评、互评、教师评价，以过程考核为主； 2. 过程考核40%，知识与能力考核30%，结果考核30%		

机械工程材料基础知识单元教学要求　　表16

单元名称	机械工程材料基础	最低学时	36学时
教学目标	1. 熟悉工程材料的基本性质； 2. 了解金属的晶体结构、结晶的基本规律及其对金属力学性能的影响； 3. 掌握铁碳相图和钢的热处理工艺的应用； 4. 掌握常用金属材料分类、牌号、性能及用途		

续表

单元名称	机械工程材料基础	最低学时	36 学时
教学内容	知识点	主要学习内容	
	1. 工程材料的性能	金属材料的力学性能、物理化学性能和工艺性能，其他工程材料的基本性质	
	2. 金属的晶体结构与结晶	典型的金属晶体结构、金属的实际晶体结构、纯金属的结晶与铸锭、合金的相结构	
	3. 铁碳相图和钢的热处理	铁碳合金相图、钢的普通热处理工艺和特殊热处理工艺、热处理工艺的应用	
	4. 常用金属材料	金属材料的分类和牌号，工业用钢的成分、性能及应用，铸铁的石墨化和一般工程应用铸铁	
教学方法建议	1. 项目教学法。按照项目导入——项目解析——项目实战——成果展示——项目评价的教学步骤展开。 2. 案例法。通过工程实例进行案例分析		
教学场所	1. 教学场景：多媒体教室，金相实验室； 2. 工具设备：多媒体设备，操作台； 3. 教师配备：专业教师 1 人		
考核评价要求	1. 学生自评、互评、教师评价，以过程考核为主； 2. 过程考核 40%，知识与能力考核 30%，结果考核 30%		

热加工工艺基础知识单元教学要求 　　**表 17**

单元名称	热加工工艺基础	最低学时	14 学时
教学目标	1. 掌握砂型铸造工艺及铸件的结构工艺性，了解特种铸造方法； 2. 掌握金属压力加工分类，锻造的基本工序和锻件结构工艺性，板料冲压的基本工序和结构工艺性； 3. 掌握常用焊接方法的应用，熟悉焊接缺陷产生的原因、检验和防治措施		
教学内容	知识点	主要学习内容	
	1. 铸造	合金的铸造性能、铸造缺陷分析和铸件质量控制、砂型铸造工艺、铸件的结构工艺性	
	2. 锻压	金属的可锻性、自由锻和模锻的基本工序和锻件的结构工艺性、板料冲压的基本工序和结构工艺性	
	3. 焊接	熔焊的冶金原理、常用焊接方法及常用金属材料的焊接、焊接结构工艺性、焊接缺陷、质量检验及其防止措施	
	4. 机械零件材料和毛坯的选择	机械零件的失效形式、零件材料及毛坯工艺技术选择	
教学方法建议	1. 项目教学法。按照项目导入——项目解析——项目实战——成果展示——项目评价的教学步骤展开。 2. 案例法。通过工程实例进行案例分析		
教学场所	1. 教学场景：多媒体教室，金相实验室； 2. 工具设备：多媒体设备，操作台； 3. 教师配备：专业教师 1 人		
考核评价要求	1. 学生自评、互评、教师评价，以过程考核为主； 2. 过程考核 40%，知识与能力考核 30%，结果考核 30%		

机械加工工艺基础知识单元教学要求 **表 18**

<table>
<tr><td>单元名称</td><td colspan="2">机械加工工艺基础</td><td>最低学时</td><td>12 学时</td></tr>
<tr><td>教学目标</td><td colspan="4">1. 了解金属切削加工过程及切削机床的基础知识；
2. 掌握各种表面的切削加工方法；
3. 熟悉机械加工的工艺规程的制定</td></tr>
<tr><td rowspan="4">教学内容</td><td>知识点</td><td colspan="3">主要学习内容</td></tr>
<tr><td>1. 金属切削加工基础</td><td colspan="3">切削运动和切削要素、刀具材料及刀具的几何形状、金属的切削过程、切削加工技术经济分析、金属切削机床基础知识</td></tr>
<tr><td>2. 各种表面的加工方法</td><td colspan="3">外圆表面、内圆表面、平面、螺纹、齿轮齿形及光整加工、零件的结构工艺性</td></tr>
<tr><td>3. 机械加工工艺过程基本知识</td><td colspan="3">生产过程和工艺过程、生产类型及其工艺特点、工件的定位、安装与基准、机械加工工艺规程的制定</td></tr>
<tr><td>教学方法建议</td><td colspan="4">1. 项目教学法。按照项目导入——项目解析——项目实战——成果展示——项目评价的教学步骤展开。
2. 案例法。通过工程实例进行案例分析</td></tr>
<tr><td>教学场所</td><td colspan="4">1. 教学场景：多媒体教室，金相实验室；
2. 工具设备：多媒体设备，操作台；
3. 教师配备：专业教师 1 人</td></tr>
<tr><td>考核评价要求</td><td colspan="4">1. 学生自评、互评、教师评价，以过程考核为主；
2. 过程考核 40%，知识与能力考核 30%，结果考核 30%</td></tr>
</table>

焊接冶金基础知识单元教学要求 **表 19**

<table>
<tr><td>单元名称</td><td colspan="2">焊接冶金基础</td><td>最低学时</td><td>8 学时</td></tr>
<tr><td>教学目标</td><td colspan="4">1. 焊接热过程、焊接接头的组织与性能；
2. 有害元素对焊缝金属的作用；
3. 焊接的化学冶金过程、焊缝金属的合金化</td></tr>
<tr><td rowspan="5">教学内容</td><td>知识点</td><td colspan="3">主要学习内容</td></tr>
<tr><td>1. 焊接热过程</td><td colspan="3">焊接温度场和焊接热循环、焊接接头</td></tr>
<tr><td>2. 焊接冶金过程</td><td colspan="3">焊接化学冶金特点、焊接熔渣、焊缝金属的合金化</td></tr>
<tr><td>3. 有害元素对焊缝金属的作用</td><td colspan="3">N、H、O、S 和 P 对焊缝金属的作用</td></tr>
<tr><td>4. 焊接接头的组织与性能</td><td colspan="3">熔池金属的凝固与焊缝金属的固态相变、热影响区的组织和性能、焊接接头组织和性能的改善</td></tr>
<tr><td>教学方法建议</td><td colspan="4">1. 项目教学。按照项目导入——项目解析——项目实战——成果展示——项目评价的教学步骤展开。
2. 案例法。通过工程实例进行案例分析</td></tr>
<tr><td>教学场所</td><td colspan="4">1. 教学场景：多媒体教室，焊工实训室；
2. 工具设备：多媒体设备，焊工操作台；
3. 教师配备：专业教师 1 人</td></tr>
<tr><td>考核评价要求</td><td colspan="4">1. 学生自评、互评、教师评价，以过程考核为主；
2. 过程考核 40%，知识与能力考核 30%，结果考核 30%</td></tr>
</table>

焊接应力与变形知识单元教学要求 表 20

<table>
<tr><td>单元名称</td><td>焊接应力与变形</td><td>最低学时</td><td>8 学时</td></tr>
<tr><td>教学目标</td><td colspan="3">1. 掌握焊接残余应力的产生及对结构的影响以及减小和消除措施、焊接参与变形的影响因素和控制措施；
2. 熟悉焊接变形的种类</td></tr>
<tr><td rowspan="3">教学内容</td><td>知识点</td><td colspan="2">主要学习内容</td></tr>
<tr><td>1. 焊接残余应力</td><td colspan="2">焊接应力的产生和分布、焊接残余应力对焊件性能的影响、减小和消除焊接残余应力的措施</td></tr>
<tr><td>2. 焊接残余变形</td><td colspan="2">焊接残余变形的分类、产生原因及危害、影响焊接残余变形的因素、控制焊接残余变形的措施</td></tr>
<tr><td>教学方法建议</td><td colspan="3">1. 项目教学法。按照项目导入——项目解析——项目实战——成果展示——项目评价的教学步骤展开。
2. 案例法。通过工程实例进行案例分析</td></tr>
<tr><td>教学场所</td><td colspan="3">1. 教学场景：多媒体教室，焊工实训室；
2. 工具设备：多媒体设备，焊工操作台；
3. 教师配备：专业教师 1 人</td></tr>
<tr><td>考核评价要求</td><td colspan="3">1. 学生自评、互评、教师评价，以过程考核为主；
2. 过程考核 40％，知识与能力考核 30％，结果考核 30％</td></tr>
</table>

焊接材料知识单元教学要求 表 21

<table>
<tr><td>单元名称</td><td>焊接材料</td><td>最低学时</td><td>4 学时</td></tr>
<tr><td>教学目标</td><td colspan="3">1. 掌握焊条、焊丝和焊剂；
2. 熟悉常用的焊接气体；
3. 了解其他焊接材料</td></tr>
<tr><td rowspan="4">教学内容</td><td>知识点</td><td colspan="2">主要学习内容</td></tr>
<tr><td>1. 焊条、焊丝和焊剂</td><td colspan="2">焊条的组成和应用、焊丝和焊剂的分类、焊接材料的选择原则</td></tr>
<tr><td>2. 焊接用气体</td><td colspan="2">氩气、二氧化碳、氧气、乙炔、液化石油气的性能，焊接用气体的应用</td></tr>
<tr><td>3. 其他焊接材料</td><td colspan="2">钨极、铅料和钎剂、气焊溶剂</td></tr>
<tr><td>教学方法建议</td><td colspan="3">1. 项目教学法。按照项目导入——项目解析——项目实战——成果展示——项目评价的教学步骤展开。
2. 案例法。通过工程实例进行案例分析</td></tr>
<tr><td>教学场所</td><td colspan="3">1. 教学场景：多媒体教室，焊工实训室；
2. 工具设备：多媒体设备，焊工操作台；
3. 教师配备：专业教师 1 人</td></tr>
<tr><td>考核评价要求</td><td colspan="3">1. 学生自评、互评、教师评价，以过程考核为主；
2. 过程考核 40％，知识与能力考核 30％，结果考核 30％</td></tr>
</table>

焊接工艺知识单元教学要求 **表 22**

<table>
<tr><th>单元名称</th><th>焊接工艺</th><th>最低学时</th><th>14 学时</th></tr>
<tr><td>教学目标</td><td colspan="3">1. 掌握焊接接头的组成和形式、焊接工艺要素和规范的选择、焊条电弧焊工艺参数的选择、气体保护焊的特点及冶金特性、焊接电源的极性、气焊和气割的条件以及火焰的性质；
2. 熟悉焊缝的符号及标注、其他焊接方法；
3. 了解焊接工艺评定</td></tr>
<tr><td rowspan="6">教学内容</td><td>知识点</td><td colspan="2">主要学习内容</td></tr>
<tr><td>1. 焊接工艺</td><td colspan="2">焊接接头的组成、形式及设计、选用，焊缝的符号及表示方法，焊接工艺要素及规范的选择，焊接工艺评定</td></tr>
<tr><td>2. 焊条电弧焊</td><td colspan="2">焊条电弧焊原理及特点、焊接工艺参数、常用焊接工艺措施</td></tr>
<tr><td>3. 气体保护焊</td><td colspan="2">气体保护焊的原理、CO_2 气体保护焊、亚弧焊、富氩混合气体保护焊</td></tr>
<tr><td>4. 气焊和气割</td><td colspan="2">气体火焰的性质、气焊、气割</td></tr>
<tr><td>5. 其他焊接方法</td><td colspan="2">埋弧焊、钎焊、电渣焊、碳弧气爆、等离子弧切割与焊接</td></tr>
<tr><td>教学方法建议</td><td colspan="3">1. 项目教学法。按照项目导入——项目解析——项目实战——成果展示——项目评价的教学步骤展开。
2. 案例法。通过工程实例进行案例分析</td></tr>
<tr><td>教学场所</td><td colspan="3">1. 教学场景：多媒体教室，焊工实训室；
2. 工具设备：多媒体设备，焊工操作台；
3. 教师配备：专业教师 1 人</td></tr>
<tr><td>考核评价要求</td><td colspan="3">1. 学生自评、互评、教师评价，以过程考核为主；
2. 过程考核 40%，知识与能力考核 30%，结果考核 30%</td></tr>
</table>

焊接缺陷与检验知识单元教学要求 **表 23**

<table>
<tr><th>单元名称</th><th>焊接缺陷与检验</th><th>最低学时</th><th>10 学时</th></tr>
<tr><td>教学目标</td><td colspan="3">1. 掌握焊接结晶裂纹、冷裂纹、焊缝中的气孔与夹杂；
2. 掌握焊接缺陷的检验方法；
3. 熟悉常见的其他焊接缺陷</td></tr>
<tr><td rowspan="6">教学内容</td><td>知识点</td><td colspan="2">主要学习内容</td></tr>
<tr><td>1. 常见的焊接缺陷</td><td colspan="2">焊接缺陷的类型及危害</td></tr>
<tr><td>2. 焊缝中的气孔与夹杂物</td><td colspan="2">焊缝中的气孔、焊缝中的夹杂物</td></tr>
<tr><td>3. 焊接结晶裂纹</td><td colspan="2">结晶裂纹的特征、结晶裂纹的产生原因、影响结晶裂纹的因素、防止结晶裂纹的措施</td></tr>
<tr><td>4. 焊接冷裂纹</td><td colspan="2">焊接冷裂纹的类型、焊接冷裂纹产生的原因、防止焊接冷裂纹的措施</td></tr>
<tr><td>5. 焊接检验</td><td colspan="2">非破坏性检验、无损探伤、破坏性检验</td></tr>
<tr><td>教学方法建议</td><td colspan="3">1. 项目教学法。按照项目导入——项目解析——项目实战——成果展示——项目评价的教学步骤展开
2. 案例法。通过工程实例进行案例分析</td></tr>
<tr><td>教学场所</td><td colspan="3">1. 教学场景：多媒体教室，焊工实训室；
2. 工具设备：多媒体设备，焊工操作台；
3. 教师配备：专业教师 1 人</td></tr>
<tr><td>考核评价要求</td><td colspan="3">1. 学生自评、互评、教师评价，以过程考核为主；
2. 过程考核 40%，知识与能力考核 30%，结果考核 30%</td></tr>
</table>

常用机构知识单元教学要求 **表 24**

<table>
<tr><th>单元名称</th><th colspan="2">常用机构</th><th>最低学时</th><th>40 学时</th></tr>
<tr><td>教学目标</td><td colspan="4">1. 掌握平面机构自由度的计算、平面四杆机构的基本特性及设计、凸轮机构的设计、齿轮机构的几何尺寸计算、渐开线齿轮正确啮合条件和连续传动条件，定轴轮系传动比的计算；
2. 熟悉运动副的分类、平面四杆机构的基本类型、常用从动件的运动规律、渐开线齿轮的根切现象；
3. 了解渐开线齿廓的加工方法、行星轮系和复合轮系传动比的计算</td></tr>
<tr><td rowspan="5">教学内容</td><td>知识点</td><td colspan="3">主要学习内容</td></tr>
<tr><td>1. 平面四杆机构</td><td colspan="3">运动副和约束的涵义，平面机构自由度的计算，平面机构的结构分析、运动分析，平面四杆机构的基本类型，平面四杆机构的基本特性及演化形式，平面四杆机构的设计</td></tr>
<tr><td>2. 凸轮机构</td><td colspan="3">常用从动件的运动规律以及按给定从动件运动规律用图解法设计凸轮轮廓，凸轮机构的基本尺寸的确定</td></tr>
<tr><td>3. 齿轮传动机构</td><td colspan="3">齿轮几何尺寸计算，渐开线齿轮正确啮合条件和连续传动条件，渐开线齿廓的加工方法，渐开线齿轮的根切现象</td></tr>
<tr><td>4. 轮系</td><td colspan="3">定轴轮系、行星轮系、复合轮系传动比的计算方法</td></tr>
<tr><td>教学方法建议</td><td colspan="4">1. 项目教学法。按照项目导入——项目解析——项目实战——成果展示——项目评价的教学步骤展开。
2. 案例法。通过工程实例进行案例分析</td></tr>
<tr><td>教学场所</td><td colspan="4">1. 教学场景：多媒体教室，车工实训室；
2. 工具设备：多媒体设备，操作台；
3. 教师配备：专业教师 1 人</td></tr>
<tr><td>考核评价要求</td><td colspan="4">1. 学生自评、互评、教师评价，以过程考核为主；
2. 过程考核 40%，知识与能力考核 30%，结果考核 30%</td></tr>
</table>

常用连接知识单元教学要求 **表 25**

<table>
<tr><th>单元名称</th><th colspan="2">常用连接</th><th>最低学时</th><th>12 学时</th></tr>
<tr><td>教学目标</td><td colspan="4">1. 掌握螺栓连接的强度设计及结构设计、平键连接的选择和强度计算；
2. 熟悉螺纹连接的类型及常用螺纹接件、键连接的类型、特点；
3. 了解螺纹连接的预紧和防松、花键连接的类型及特点</td></tr>
<tr><td rowspan="3">教学内容</td><td>知识点</td><td colspan="3">主要学习内容</td></tr>
<tr><td>1. 螺纹连接</td><td colspan="3">螺纹连接的类型及常用螺纹连接件、螺纹连接的预紧和防松、螺栓连接的强度设计及结构设计</td></tr>
<tr><td>2. 键连接和花键连接</td><td colspan="3">键连接的类型、特点，平键连接的选择和强度计算；花键连接的类型及特点</td></tr>
<tr><td>教学方法建议</td><td colspan="4">1. 项目教学法。按照项目导入——项目解析——项目实战——成果展示——项目评价的教学步骤展开。
2. 案例法。通过工程实例进行案例分析</td></tr>
<tr><td>教学场所</td><td colspan="4">1. 教学场景：多媒体教室，车工实训室；
2. 工具设备：多媒体设备，操作台；
3. 教师配备：专业教师 1 人</td></tr>
<tr><td>考核评价要求</td><td colspan="4">1. 学生自评、互评、教师评价，以过程考核为主；
2. 过程考核 40%，知识与能力考核 30%，结果考核 30%</td></tr>
</table>

机械传动知识单元教学要求 **表 26**

<table>
<tr><td>单元名称</td><td colspan="2">机械传动</td><td>最低学时</td><td>24 学时</td></tr>
<tr><td>教学目标</td><td colspan="4">1. 掌握三角带传动的设计计算、渐开线标准直齿圆柱齿轮传动的设计计算、蜗杆传动的主要参数和几何尺寸计算；
2. 熟悉带传动和链传动的工作原理、齿轮传动的失效形式与设计准则、齿轮的结构设计；
3. 了解带传动和链传动的张紧、渐开线标准斜齿圆柱齿轮传动、直齿圆锥齿轮传动及蜗杆传动的强度计算、蜗杆传动的润滑及热平衡计算</td></tr>
<tr><td rowspan="5">教学内容</td><td>知识点</td><td colspan="3">主要学习内容</td></tr>
<tr><td>1. 带传动</td><td colspan="3">带传动的工作原理、工作情况分析，三角带传动的设计计算，带传动的张紧与维护</td></tr>
<tr><td>2. 链传动</td><td colspan="3">链传动的工作原理及运动特性，链传动的设计计算，链传动的布置、张紧及润滑</td></tr>
<tr><td>3. 齿轮传动</td><td colspan="3">齿轮传动的失效形式与设计准则，渐开线标准直齿圆柱齿轮传动、斜齿圆柱齿轮传动、直齿圆锥齿轮传动的强度计算，齿轮的结构设计，齿轮传动的润滑</td></tr>
<tr><td>4. 蜗杆传动</td><td colspan="3">蜗杆传动的主要参数和几何尺寸计算，蜗杆传动的强度计算，蜗杆传动的润滑及热平衡计算</td></tr>
<tr><td>教学方法建议</td><td colspan="4">1. 项目教学法。按照项目导入——项目解析——项目实战——成果展示——项目评价的教学步骤展开。
2. 案例法。通过工程实例进行案例分析</td></tr>
<tr><td>教学场所</td><td colspan="4">1. 教学场景：多媒体教室，车工实训室；
2. 工具设备：多媒体设备，操作台，机械零件；
3. 教师配备：专业教师 1 人</td></tr>
<tr><td>考核评价要求</td><td colspan="4">1. 学生自评、互评、教师评价，以过程考核为主；
2. 过程考核 40%，知识与能力考核 30%，结果考核 30%</td></tr>
</table>

轴和轴系部件知识单元教学要求 **表 27**

<table>
<tr><td>单元名称</td><td colspan="2">轴和轴系部件</td><td>最低学时</td><td>14 学时</td></tr>
<tr><td>教学目标</td><td colspan="4">1. 掌握轴的结构设计和强度计算、滚动轴承的动载荷和寿命计算、滚动轴承的结构组合设计；
2. 熟悉轴的功用及分类、滚动轴承的类型及选择、非流体摩擦滑动轴承的计算；
3. 了解提高轴的强度、刚度采取的措施，滑动轴承的材料和轴瓦结构及其润滑</td></tr>
<tr><td rowspan="3">教学内容</td><td>知识点</td><td colspan="3">主要学习内容</td></tr>
<tr><td>1. 轴</td><td colspan="3">轴的功用及分类，轴的结构设计和强度计算，提高轴的强度、刚度采取的措施</td></tr>
<tr><td>2. 轴承</td><td colspan="3">滑动轴承的材料及轴瓦结构、滑动轴承的润滑、非流体摩擦滑动轴承的计算，滚动轴承的类型及选择、滚动轴承的动载荷和寿命计算、滚动轴承的结构组合设计</td></tr>
<tr><td>教学方法建议</td><td colspan="4">1. 项目教学法。按照项目导入——项目解析——项目实战——成果展示——项目评价的教学步骤展开。
2. 案例法。通过工程实例进行案例分析</td></tr>
<tr><td>教学场所</td><td colspan="4">1. 教学场景：多媒体教室，车工实训室；
2. 工具设备：多媒体设备，操作台，机械零件；
3. 教师配备：专业教师 1 人</td></tr>
<tr><td>考核评价要求</td><td colspan="4">1. 学生自评、互评、教师评价，以过程考核为主；
2. 过程考核 40%，知识与能力考核 30%，结果考核 30%</td></tr>
</table>

水准测量知识单元教学要求 **表 28**

<table>
<tr><th>单元名称</th><th colspan="2">水准测量</th><th>最低学时</th><th>16 学时</th></tr>
<tr><td>教学目标</td><td colspan="4">1. 掌握水准仪的使用；
2. 掌握水准测量误差及数据处理；
3. 了解自动安平水准仪</td></tr>
<tr><td rowspan="4">教学内容</td><td>知识点</td><td colspan="3">主要学习内容</td></tr>
<tr><td>1. 水准测量原理</td><td colspan="3">水准仪型号、结构、测量原理</td></tr>
<tr><td>2. 水准仪使用</td><td colspan="3">调平、标高测量、测量要点、内业、外业</td></tr>
<tr><td>3. 水准测量的外业、内业</td><td colspan="3">施工放线、基础放线、设备标高检测</td></tr>
<tr><td>教学方法建议</td><td colspan="4">1. 项目教学法。按照项目导入——项目解析——项目实战——成果展示——项目评价的教学步骤展开。
2. 案例法。通过工程实例进行案例分析</td></tr>
<tr><td>教学场所</td><td colspan="4">1. 教学场景：项目现场；
2. 工具设备：测量仪器、检测工具；
3. 教师配备：专业教师 1 人</td></tr>
<tr><td>考核评价要求</td><td colspan="4">1. 学生自评、互评、教师评价，以过程考核为主；
2. 过程考核 40%，知识与能力考核 30%，结果考核 30%</td></tr>
</table>

角度测量知识单元教学要求 **表 29**

<table>
<tr><th>单元名称</th><th colspan="2">角度测量</th><th>最低学时</th><th>16 学时</th></tr>
<tr><td>教学目标</td><td colspan="4">1. 掌握经纬仪的使用；
2. 掌握角度测量误差及数据处理</td></tr>
<tr><td rowspan="4">教学内容</td><td>知识点</td><td colspan="3">主要学习内容</td></tr>
<tr><td>1. 水平角测量原理</td><td colspan="3">经纬仪型号、结构、测量原理</td></tr>
<tr><td>2. 经纬仪使用</td><td colspan="3">仪器调平、内业、外业</td></tr>
<tr><td>3. 水平角和竖直角的测量</td><td colspan="3">水平角测量、竖直角测量要点</td></tr>
<tr><td>教学方法建议</td><td colspan="4">1. 项目教学法。按照项目导入——项目解析——项目实战——成果展示——项目评价的教学步骤展开。
2. 案例法。通过工程实例进行案例分析</td></tr>
<tr><td>教学场所</td><td colspan="4">1. 教学场景：项目现场；
2. 工具设备：测量仪器、检测工具；
3. 教师配备：专业教师 1 人</td></tr>
<tr><td>考核评价要求</td><td colspan="4">1. 学生自评、互评、教师评价，以过程考核为主；
2. 过程考核 40%，知识与能力考核 30%，结果考核 30%</td></tr>
</table>

测设的基本工作知识单元教学要求　　**表 30**

单元名称	测设的基本工作	最低学时	16 学时
教学目标	1. 掌握水平角、水平距离的测设； 2. 掌握高程、点的平面位置的测设		
教学内容	知识点	主要学习内容	
	1. 水平角、距离及高程的测设	水平角、距离及高程的测设、施工现场放线	
	2. 点的平面位置测设	点的平面位置测设、施工现场点的放线	
教学方法建议	1. 项目教学法。按照项目导入——项目解析——项目实战——成果展示——项目评价的教学步骤展开。 2. 案例法。通过工程实例进行案例分析		
教学场所	1. 教学场景：项目现场； 2. 工具设备：测量仪器、检测工具； 3. 教师配备：专业教师 1 人		
考核评价要求	1. 学生自评、互评、教师评价，以过程考核为主； 2. 过程考核 40%，知识与能力考核 30%，结果考核 30%		

测量测试理论知识单元教学要求　　**表 31**

单元名称	测量测试理论	最低学时	20 学时
教学目标	1. 掌握常用量具量仪的使用方法； 2. 了解测量误差产生的原因； 3. 掌握误差数据处理方法		
教学内容	知识点	主要学习内容	
	1. 量具和量仪的使用	钢尺、块规、线规、厚薄规、正弦规、角度规、游标量具、螺旋测微量具、水平仪、机械量仪、光学量仪等的使用	
	2. 测量误差理论	测量概念、长度基准、测量方法分类、测量误差及分类、误差理论基础、有效数字	
	3. 误差数据处理	标准偏差、算术偏差、3σ、误差数据处理	
教学方法建议	1. 项目教学法。按照项目导入——项目解析——项目实战——成果展示——项目评价的教学步骤展开。 2. 案例法。通过工程实例进行案例分析		
教学场所	1. 教学场景：多媒体教室、项目现场； 2. 工具设备：多媒体设备、测量仪器、检测工具； 3. 教师配备：专业教师 1 人		
考核评价要求	1. 学生自评、互评、教师评价，以过程考核为主； 2. 过程考核 40%，知识与能力考核 30%，结果考核 30%		

安装工程的精度知识单元教学要求 **表 32**

单元名称	安装工程的精度		最低学时	34 学时
教学目标	1. 了解尺寸链解算； 2. 熟练掌握保证设备精度要求测试方法：安装水平、平行度、垂直度、铅垂度、同轴度、直线度、平面度、几何尺寸等。 3. 掌握安装测试与工程测量的密切联系，并能进行安装精度检测			
教学内容	知识点	主要学习内容		
	1. 尺寸链	尺寸链基本概念、组成、分类、解算（正计算、反计算、中间计算）		
	2. 设备安装主要精度检测方法	设备安装精度、主要精度检测方法（钢丝法、液面法、水平仪检测法、光学仪器法、经纬仪法、吊线锤法等）、主要精度检测项目（安装水平、平行度、垂直度、铅垂度、同轴度、直线度、平面度、几何尺寸等）		
	3. 设备的校正	校正程序、校正方法、常用测量方法		
教学方法建议	1. 项目教学法。按照项目导入——项目解析——项目实战——成果展示——项目评价的教学步骤展开。 2. 案例法。通过工程实例进行案例分析			
教学场所	1. 教学场景：多媒体教室、项目现场； 2. 工具设备：多媒体设备、测量仪器、检测工具； 3. 教师配备：专业教师 1 人			
考核评价要求	1. 学生自评、互评、教师评价，以过程考核为主； 2. 过程考核 40%，知识与能力考核 30%，结果考核 30%			

设备安装前准备工作知识单元教学要求 **表 33**

单元名称	设备安装前准备工作		最低学时	14 学时
教学目标	1. 了解设备安装的基本工艺和主要工序； 2. 掌握设备安装施工方法及质量要求； 3. 掌握设备安装前的准备工作内容			
教学内容	知识点	主要学习内容		
	1. 设备基础检查	基础类型、地脚螺栓类型、垫铁类型、基础尺寸和位置的质量要求、基础标高检测、有垫铁安装、无垫铁安装		
	2. 基础放线	基础放线要求、基础中心线种类、基础划线方法		
	3. 设备开箱检查	设备开箱检查内容、项目、记录内容、质量要求、试压要求		
	4. 设备放线	设备放线、设备就位方法、设备的初平、精平、找平、找正		
教学方法建议	1. 项目教学法。按照项目导入——项目解析——项目实战——成果展示——项目评价的教学步骤展开。 2. 案例法。通过工程实例进行案例分析			
教学场所	1. 教学场景：多媒体教室、项目现场、施工录像； 2. 工具设备：多媒体设备、测量仪器、检测工具； 3. 教师配备：专业教师 1 人			
考核评价要求	1. 学生自评、互评、教师评价，以过程考核为主； 2. 过程考核 40%，知识与能力考核 30%，结果考核 30%			

典型零、部件的装配知识单元教学要求 **表 34**

单元名称	典型零、部件的装配	最低学时	24 学时
教学目标	1. 掌握典型零、部件的装配； 2. 了解设备拆卸、润滑、试压		
教学内容	知识点	主要学习内容	
	1. 螺纹、键和销连接的装配	装配的原则和步骤，螺纹、键、销的装配方法、使用工具、装配要求	
	2. 过盈件的装配	装配的原则和步骤，过盈件的装配方法、使用工具、装配要求，设备的清洗	
	3. 滑动轴承的装配	装配的原则和步骤，滑动轴承的装配方法、使用工具、装配要求，设备的润滑	
	4. 齿轮装配	装配的原则和步骤，齿轮的装配方法、使用工具、装配要求，设备的运转	
教学方法建议	1. 项目教学法。按照项目导入——项目解析——项目实战——成果展示——项目评价的教学步骤展开。 2. 案例法。通过工程实例进行案例分析		
教学场所	1. 教学场景：多媒体教室、项目现场、施工录像； 2. 工具设备：多媒体设备、测量仪器、检测工具； 3. 教师配备：专业教师 1 人		
考核评价要求	1. 学生自评、互评、教师评价，以过程考核为主； 2. 过程考核 40%，知识与能力考核 30%，结果考核 30%		

工业锅炉安装知识单元教学要求 **表 35**

单元名称	工业锅炉安装	最低学时	18 学时
教学目标	1. 了解锅炉本体结构； 2. 掌握锅炉钢架安装及精度检测； 3. 掌握工业锅炉受热面管束安装方法； 4. 了解锅炉汽包吊装方法； 5. 掌握锅炉水压试验		
教学内容	知识点	主要学习内容	
	1. 锅炉钢架和平台的安装	工业锅炉房概述、安装前的准备工作、钢架构件检查和校正、锅炉钢架和平台的安装、钢架吊装、找正和固定	
	2. 汽包安装	汽包检查、汽包支承类型、汽包吊装、汽包调整方法	
	3. 受热面管束的安装	管子的检查和校正、管板胀接、受热面管束焊接、过热器、水冷壁安装	
	4. 水压试验	水压试验、气压试验、严密性试验、锅炉试运行	
教学方法建议	1. 项目教学法。按照项目导入——项目解析——项目实战——成果展示——项目评价的教学步骤展开。 2. 案例法。通过工程实例进行案例分析		
教学场所	1. 教学场景：多媒体教室、项目现场、施工录像； 2. 工具设备：多媒体设备、检测工具； 3. 教师配备：专业教师 1 人		
考核评价要求	1. 学生自评、互评、教师评价，以过程考核为主； 2. 过程考核 40%，知识与能力考核 30%，结果考核 30%		

压缩机的安装知识单元教学要求 表 36

单元名称	压缩机的安装	最低学时	12 学时
教学目标	1. 掌握活塞式压缩机的安装； 2. 了解压缩机的试运转； 3. 掌握离心式压缩机的安装； 4. 了解离心式压缩机的故障及其处理		
教学内容	知识点	主要学习内容	
	1. 活塞式压缩机的安装	活塞式压缩机的工作原理、安装技术要求、安装前的准备工作、安装方法、压缩机机体安装、主轴安装、电动机安装、气缸安装、十字头安装、试运转、故障分析	
	2. 离心式压缩机的安装	离心式压缩机的工作原理、转子临界转速、中心线确定、安装程序，底座、下缸和轴承座安装，转子安装、对中检测、试运转、故障处理	
教学方法建议	1. 项目教学法。按照项目导入——项目解析——项目实战——成果展示——项目评价的教学步骤展开。 2. 案例法。通过工程实例进行案例分析		
教学场所	1. 教学场景：多媒体教室、项目现场、施工录像； 2. 工具设备：多媒体设备、检测工具； 3. 教师配备：专业教师 1 人		
考核评价要求	1. 学生自评、互评、教师评价，以过程考核为主； 2. 过程考核 40%，知识与能力考核 30%，结果考核 30%		

金属结构的设计方法和材料的力学性能知识单元教学要求 表 37

单元名称	金属结构的设计方法和材料的力学性能	最低学时	10 学时
教学目标	1. 领会金属结构的设计方法和荷载计算； 2. 掌握金属结构材料的力学性能		
教学内容	知识点	主要学习内容	
	1. 金属结构的设计方法和荷载计算	金属结构的特点、应用范围、发展概况，金属结构的设计方法，结构可靠性，现行《钢结构设计规范》的极限状态设计表达式	
	2. 金属结构材料的力学性能	金属结构对材料的要求，钢材的主要力学性能，钢材的种类及选用，铝合金的应用简介，合理选择金属材料	
教学方法建议	1. 项目教学法。按照项目导入——项目解析——项目实战——成果展示——项目评价的教学步骤展开。 2. 案例法。通过工程实例进行案例分析		
教学场所	1. 教学场景：多媒体教室、项目现场； 2. 工具设备：多媒体设备、测量仪器、检测工具； 3. 教师配备：专业教师 1 人		
考核评价要求	1. 学生自评、互评、教师评价，以过程考核为主； 2. 过程考核 40%，知识与能力考核 30%，结果考核 30%		

钢结构的连接知识单元教学要求 **表 38**

单元名称	钢结构的连接	最低学时	12 学时
教学目标	1. 了解钢结构的连接类型； 2. 掌握焊接连接计算方法； 3. 掌握普通螺栓和高强螺栓连接计算及节点构造设计		
教学内容	知识点	主要学习内容	
	1. 钢结构连接的种类和特点	焊接、铆接、普通螺栓连接、高强度螺栓连接的特点	
	2. 焊接连接	焊接方法、焊缝及其连接形式、焊缝符号、焊接缺陷、焊缝质量检验和质量等级，对接焊缝的构造与计算，角焊缝的构造与计算，焊接应力和变形	
	3. 普通螺栓连接	螺栓的排列和构造要求，普通螺栓连接的受力性能和计算	
	4. 高强螺栓连接	高强度螺栓的材料和性能等级、紧固方法和预拉力计算，摩擦型高强度螺栓连接承受剪力和承受拉力的计算，承压型高强度螺栓连接计算	
教学方法建议	1. 项目教学法。按照项目导入——项目解析——项目实战——成果展示——项目评价的教学步骤展开。 2. 案例法。通过工程实例进行案例分析		
教学场所	1. 教学场景：多媒体教室、项目现场； 2. 工具设备：多媒体设备、检测工具； 3. 教师配备：专业教师 1 人		
考核评价要求	1. 学生自评、互评、教师评价，以过程考核为主； 2. 过程考核 40%，知识与能力考核 30%，结果考核 30%		

钢结构基本构件知识单元教学要求 **表 39**

单元名称	钢结构基本构件	最低学时	22 学时
教学目标	掌握轴心受力构件、受弯构件、拉弯和压弯构件的受力特点、截面设计公式以及构造知识		
教学内容	知识点	主要学习内容	
	1. 受弯构件	梁的类型和截面形式，梁的强度、刚度与整体稳定，型钢梁设计，组合梁设计，梁的局部稳定和腹板加劲肋设计，梁的拼接、支座和连接	
	2. 轴心受力构件	轴心受力构件的截面类型和强度、刚度，构件的计算长度，实腹式轴心受压构件的整体稳定、局部稳定和截面设计，格构式轴心受压构件的设计，变截面轴心受压构件的设计，柱头和柱脚的构造和设计	
	3. 拉弯和压弯构件	拉弯、压弯构件的特点、强度和刚度，实腹式压弯构件的稳定计算，格构式压弯构件的稳定计算，压弯构件的柱头和柱脚设计	
教学方法建议	1. 项目教学法。按照项目导入——项目解析——项目实战——成果展示——项目评价的教学步骤展开。 2. 案例法。通过工程实例进行案例分析		
教学场所	1. 教学场景：多媒体教室、项目现场； 2. 工具设备：多媒体设备、检测工具； 3. 教师配备：专业教师 1 人		
考核评价要求	1. 学生自评、互评、教师评价，以过程考核为主； 2. 过程考核 40%，知识与能力考核 30%，结果考核 30%		

起重臂架与桅杆知识单元教学要求　　　　表 40

<table>
<tr><th>单元名称</th><th>起重臂架与桅杆</th><th>最低学时</th><th>18 学时</th></tr>
<tr><td>教学目标</td><td colspan="3">1. 熟悉起重臂架的形式，了解起重臂架的荷载及其组合，掌握格构式臂架的设计计算；
2. 了解桅杆的类型，掌握桅杆的设计计算方法，熟悉桅杆附件设计，能设计计算桅杆</td></tr>
<tr><td rowspan="3">教学内容</td><td>知识点</td><td colspan="2">主要学习内容</td></tr>
<tr><td>1. 起重臂架</td><td colspan="2">起重臂架的形式，起重臂架的荷载及其组合与设计方法，平面臂架的外形尺寸、内力组合、截面选择及验算，空间臂架的截面验算和构造要求</td></tr>
<tr><td>2. 起重桅杆</td><td colspan="2">桅杆的类型，桅杆的设计计算，桅杆附件设计计算，设计计算实例</td></tr>
<tr><td>教学方法建议</td><td colspan="3">1. 项目教学法。按照项目导入——项目解析——项目实战——成果展示——项目评价的教学步骤展开。
2. 案例法。通过工程实例进行案例分析</td></tr>
<tr><td>教学场所</td><td colspan="3">1. 教学场景：多媒体教室、项目现场；
2. 工具设备：多媒体设备、吊装机具、检测工具；
3. 教师配备：专业教师 1 人</td></tr>
<tr><td>考核评价要求</td><td colspan="3">1. 学生自评、互评、教师评价，以过程考核为主；
2. 过程考核 40%，知识与能力考核 30%，结果考核 30%</td></tr>
</table>

吊装机具的选用与计算知识单元教学要求　　　　表 41

<table>
<tr><th>单元名称</th><th>吊装机具的选用与计算</th><th>最低学时</th><th>12 学时</th></tr>
<tr><td>教学目标</td><td colspan="3">1. 掌握钢丝绳的结构、种类、用途和报废标准；
2. 了解其他绳索的性能特点；
3. 掌握起重吊索附件；
4. 掌握滑轮组的计算和选用以及穿绕方法；
5. 掌握卷扬机的选用和使用注意事项；
6. 掌握地锚的种类和设计计算</td></tr>
<tr><td rowspan="5">教学内容</td><td>知识点</td><td colspan="2">主要学习内容</td></tr>
<tr><td>1. 钢丝绳选用</td><td colspan="2">钢丝绳型号、钢丝绳安全系数、受力分析、直径计算公式、报废标准</td></tr>
<tr><td>2. 滑轮组选用</td><td colspan="2">滑轮组型号、滑轮组受力分析、型号选择、穿绕方法、吊索附件</td></tr>
<tr><td>3. 卷扬机选用</td><td colspan="2">卷扬机受力、型号、容绳量，卷扬机布置原则、使用注意事项</td></tr>
<tr><td>4. 地锚选用</td><td colspan="2">地锚类型、地锚受力计算</td></tr>
<tr><td>教学方法建议</td><td colspan="3">1. 项目教学法。按照项目导入——项目解析——项目实战——成果展示——项目评价的教学步骤展开。
2. 案例法。通过工程实例进行案例分析</td></tr>
<tr><td>教学场所</td><td colspan="3">1. 教学场景：多媒体教室、项目现场、施工录像；
2. 工具设备：多媒体设备、吊装机具、检测工具；
3. 教师配备：专业教师 1 人</td></tr>
<tr><td>考核评价要求</td><td colspan="3">1. 学生自评、互评、教师评价，以过程考核为主；
2. 过程考核 40%，知识与能力考核 30%，结果考核 30%</td></tr>
</table>

自行式起重机及其应用知识单元教学要求 **表 42**

<table>
<tr><th>单元名称</th><th colspan="2">自行式起重机及其应用</th><th>最低学时</th><th>16 学时</th></tr>
<tr><td>教学目标</td><td colspan="4">1. 掌握自行式起重机的基本参数；
2. 掌握起重机起重特性曲线；
3. 掌握自行式起重机的选用和基础处理；
4. 了解自行式起重机的种类和结构特点；
5. 掌握自行式起重机的安全管理</td></tr>
<tr><td rowspan="5">教学内容</td><td>知识点</td><td colspan="3">主要学习内容</td></tr>
<tr><td>1. 自行式起重机的基本参数</td><td colspan="3">起升高度、额定起重量、幅度，起重机重量及尺寸、回转半径等</td></tr>
<tr><td>2. 起重特性曲线</td><td colspan="3">起升高度曲线、起重量特性曲线的正确使用，起重机性能表</td></tr>
<tr><td>3. 自行式起重机的选用</td><td colspan="3">自行式起重机选择步骤、考虑因素、不同方案的选择，选择起重机案例</td></tr>
<tr><td>4. 自行式起重机的使用和安全管理</td><td colspan="3">基础处理、自行式起重机的种类和结构特点、自行式起重机的安全管理</td></tr>
<tr><td>教学方法建议</td><td colspan="4">1. 项目教学法。按照项目导入——项目解析——项目实战——成果展示——项目评价的教学步骤展开。
2. 案例法。通过工程实例进行案例分析</td></tr>
<tr><td>教学场所</td><td colspan="4">1. 教学场景：多媒体教室、项目现场、施工录像；
2. 工具设备：多媒体设备、吊装机具、检测工具；
3. 教师配备：专业教师 1 人</td></tr>
<tr><td>考核评价要求</td><td colspan="4">1. 学生自评、互评、教师评价，以过程考核为主；
2. 过程考核 40%，知识与能力考核 30%，结果考核 30%</td></tr>
</table>

重型设备吊装知识单元教学要求 **表 43**

<table>
<tr><th>单元名称</th><th colspan="2">重型设备吊装</th><th>最低学时</th><th>18 学时</th></tr>
<tr><td>教学目标</td><td colspan="4">1. 掌握重型设备吊装方法；
2. 掌握塔类设备吊装工艺的设计计算；
3. 掌握储罐类设备的吊装工艺计算</td></tr>
<tr><td rowspan="4">教学内容</td><td>知识点</td><td colspan="3">主要学习内容</td></tr>
<tr><td>1. 重型设备吊装方法</td><td colspan="3">旋转法、滑移法、扳倒法、单机、双机、三机、多机等吊装工艺</td></tr>
<tr><td>2. 吊装储罐类设备</td><td colspan="3">储罐类设备各种吊装方法、典型案例</td></tr>
<tr><td>3. 吊装塔类设备</td><td colspan="3">塔类设备各种吊装方法、典型案例</td></tr>
<tr><td>教学方法建议</td><td colspan="4">1. 项目教学法。按照项目导入——项目解析——项目实战——成果展示——项目评价的教学步骤展开。
2. 案例法。通过工程实例进行案例分析</td></tr>
<tr><td>教学场所</td><td colspan="4">1. 教学场景：多媒体教室、项目现场、施工录像；
2. 工具设备：多媒体设备、吊装机具、检测工具；
3. 教师配备：专业教师 1 人</td></tr>
<tr><td>考核评价要求</td><td colspan="4">1. 学生自评、互评、教师评价，以过程考核为主；
2. 过程考核 40%，知识与能力考核 30%，结果考核 30%</td></tr>
</table>

工程建设程序与建设工程项目知识单元教学要求 表44

单元名称	工程建设程序与建设工程项目	最低学时	4学时
教学目标	1. 熟悉工程建设的基本程序； 2. 掌握建设工程组成项目的划分		
教学内容	知识点	主要学习内容	
	1. 工程建设程序	工程建设的决策阶段、设计阶段、准备和实施阶段、生产准备与竣工验收等各阶段的任务与要求	
	2. 建设工程项目组成与划分	单项工程、单位工程、分部工程、分项工程的划分及特征	
教学方法建议	1. 项目教学法。按照项目导入——项目解析——项目实战——成果展示——项目评价的教学步骤展开。 2. 案例法。通过工程实例进行案例分析		
教学场所	1. 教学场景：多媒体教室、项目现场； 2. 工具设备：多媒体设备； 3. 教师配备：专业教师1人		
考核评价要求	1. 学生自评、互评、教师评价，以过程考核为主； 2. 过程考核40%，知识与能力考核30%，结果考核30%		

安装工程计价定额与《建设工程工程量清单计价规范》知识单元教学要求 表45

单元名称	安装工程计价定额与《建设工程工程量清单计价规范》	最低学时	10学时
教学目标	1. 了解定额计价与清单计价在工程计量上的区别； 2. 熟悉工程量清单计价的特点； 3. 掌握工程量清单计价的招标标底和投标控制价的区别		
教学内容	知识点	主要学习内容	
	1. 安装工程计价定额的组成、内容与应用	安装工程计价定额，安装工程计价定额的主要内容，按规定计取的各项费用的计取办法	
	2.《建设工程工程量清单计价规范》的组成、内容与应用	工程量清单计价的目的、意义，计价规范的特点，工程量清单计价和定额计价的区别，工程量清单计价的招标标底和投标控制价的区别	
教学方法建议	1. 项目教学法。按照项目导入——项目解析——项目实战——成果展示——项目评价的教学步骤展开。 2. 案例法。通过工程实例进行案例分析		
教学场所	1. 教学场景：多媒体教室、项目现场、造价实训室； 2. 工具设备：多媒体设备、计价软件； 3. 教师配备：专业教师1人		
考核评价要求	1. 学生自评、互评、教师评价，以过程考核为主； 2. 过程考核40%，知识与能力考核30%，结果考核30%		

安装工程造价知识单元教学要求 **表 46**

单元名称	安装工程造价	最低学时	10 学时
教学目标	1. 掌握定额计价模式下费用组成及计取方法； 2. 掌握清单计价模式下费用组成及计取方法		
教学内容	知识点	主要学习内容	
	1. 定额计价模式下费用组成及计取方法	定额计价模式下各项费用组成及计取方法，定额计价模式下费用文件格式	
	2. 清单计价模式下费用组成及计取方法	工程量清单的编制，工程量清单计价，工程量清单及其计价格式，清单计价模式下费用组成及计取方法	
教学方法建议	1. 项目教学法。按照项目导入——项目解析——项目实战——成果展示——项目评价的教学步骤展开。 2. 案例法。通过工程实例进行案例分析		
教学场所	1. 教学场景：多媒体教室、项目现场、造价实训室； 2. 工具设备：多媒体设备、计价软件； 3. 教师配备：专业教师 1 人		
考核评价要求	1. 学生自评、互评、教师评价，以过程考核为主； 2. 过程考核 40％，知识与能力考核 30％，结果考核 30％		

单位工程施工图预算的编制知识单元教学要求 **表 47**

单元名称	单位工程施工图预算的编制	最低学时	28 学时
教学目标	1. 熟悉单位工程施工图预算编制的程序； 2. 掌握单位工程施工图预算编制的方法和步骤		
教学内容	知识点	主要学习内容	
	1. 单位工程施工图预算编制的程序、方法和步骤	单位工程施工图预算编制的方法	
	2. 机械设备安装工程造价的编制	机械设备安装工程量计算规则及工程量统计，机械设备安装定额计价和清单计价模式下工程造价编制	
	3. 非标设备安装工程造价的编制	非标设备安装工程量计算规则及工程量统计，非标设备安装定额计价和清单计价模式下工程造价编制	
教学方法建议	1. 项目教学法。按照项目导入——项目解析——项目实战——成果展示——项目评价的教学步骤展开。 2. 案例法。通过工程实例进行案例分析		
教学场所	1. 教学场景：多媒体教室、项目现场、造价实训室； 2. 工具设备：多媒体设备、计价软件； 3. 教师配备：专业教师 1 人		
考核评价要求	1. 学生自评、互评、教师评价，以过程考核为主； 2. 过程考核 40％，知识与能力考核 30％，结果考核 30％		

安装工程施工预算知识单元教学要求　　表 48

<table>
<tr><td>单元名称</td><td>安装工程施工预算</td><td>最低学时</td><td>8 学时</td></tr>
<tr><td>教学目标</td><td colspan="3">1. 了解安装工程施工预算的编制程序；
2. 熟悉安装工程施工预算编制案例</td></tr>
<tr><td rowspan="3">教学内容</td><td>知识点</td><td colspan="2">主要学习内容</td></tr>
<tr><td>1. 施工预算的编制程序</td><td colspan="2">安装工程施工预算的编制程序</td></tr>
<tr><td>2. 施工预算编制案例法</td><td colspan="2">安装工程施工预算编制案例</td></tr>
<tr><td>教学方法建议</td><td colspan="3">1. 项目教学法。按照项目导入——项目解析——项目实战——成果展示——项目评价的教学步骤展开。
2. 案例法。通过工程实例进行案例分析</td></tr>
<tr><td>教学场所</td><td colspan="3">1. 教学场景：多媒体教室、项目现场、造价实训室；
2. 工具设备：多媒体设备、计价软件；
3. 教师配备：专业教师 1 人</td></tr>
<tr><td>考核评价要求</td><td colspan="3">1. 学生自评、互评、教师评价，以过程考核为主；
2. 过程考核 40%，知识与能力考核 30%，结果考核 30%</td></tr>
</table>

单位工程施工组织设计知识单元教学要求　　表 49

<table>
<tr><td>单元名称</td><td>单位工程施工组织设计</td><td>最低学时</td><td>40 学时</td></tr>
<tr><td>教学目标</td><td colspan="3">1. 了解基本建设程序，熟悉建筑施工的特点，领会施工组织设计的原则、任务、种类、内容和编制依据；
2. 了解建筑施工的作业方式，掌握流水施工方式及网络计划技术；
3. 能应用横道图和网络图编制单位工程施工进度计划；
4. 熟悉施工准备工作的意义、分类、内容与要求；
5. 能编制单位工程劳动力、材料、机械设备需要量计划，绘制施工平面布置图</td></tr>
<tr><td rowspan="6">教学内容</td><td>知识点</td><td colspan="2">主要学习内容</td></tr>
<tr><td>1. 施工组织设计概述</td><td colspan="2">基本建设程序，建筑工程施工组织的特点，施工组织设计的地位、作用、种类、内容和编制依据，组织施工的基本原则</td></tr>
<tr><td>2. 流水施工组织</td><td colspan="2">依次施工、平行施工和流水施工作业方式，组织流水施工的步骤，流水施工的基本参数，流水施工组织及计算</td></tr>
<tr><td>3. 网络计划技术</td><td colspan="2">由横道图到网络图，网络计划的表示方法，网络图的绘制，双代号网络计划时间参数的计算，单代号网络计划的图上计算法，网络计划的表上计算法，双代号时标网络计划，有时限的网络计划的计算，搭接网络计划，网络计划的优化，网络计划的检查和调整</td></tr>
<tr><td>4. 施工准备工作</td><td colspan="2">施工准备工作的意义、分类、内容与要求，调查研究与收集资料，技术准备，施工现场准备，劳动力及物资准备</td></tr>
<tr><td>5. 单位工程施工组织设计</td><td colspan="2">单位工程施工组织设计的编制程序和内容，管道安装工程施工设计，电梯安装工程施工设计，桥式起重机安装工程施工设计，高塔安装工程施工设计</td></tr>
<tr><td>教学方法建议</td><td colspan="3">1. 项目教学法。按照项目导入——项目解析——项目实战——成果展示——项目评价的教学步骤展开。
2. 案例法。通过工程实例进行案例分析</td></tr>
<tr><td>教学场所</td><td colspan="3">1. 教学场景：多媒体教室、项目现场；
2. 工具设备：多媒体设备；
3. 教师配备：专业教师 1 人</td></tr>
<tr><td>考核评价要求</td><td colspan="3">1. 学生自评、互评、教师评价，以过程考核为主；
2. 过程考核 40%，知识与能力考核 30%，结果考核 30%</td></tr>
</table>

施工管理知识单元教学要求 **表 50**

<table>
<tr><th>单元名称</th><th>施工管理</th><th>最低学时</th><th>40 学时</th></tr>
<tr><td>教学目标</td><td colspan="3">1. 熟悉安装企业工程项目管理概念、特点、目标和基本内容，了解各参与方之间的关系；
2. 掌握工程招标与投标的概念，熟悉建安工程施工合同的主要内容和合同的订立；
3. 掌握工程项目成本的构成和确定、成本控制的原则、依据和方法，熟悉成本计划的编制依据和方法；
4. 熟悉工程项目进度控制概念、方法、措施与任务，掌握进度计划的实施、检查和调整；
5. 掌握质量和质量管理的概念、主要内容、ISO 9000 系列标准的构成与特点，熟悉工程项目安全控制的重要性、基本原则及控制要点，领会工程项目文明施工管理的意义；
6. 熟悉工程项目生产要素管理的概念，能对工程项目进行劳动力、材料、机械设备、项目资金和技术管理；
7. 了解施工项目后期管理的内容，熟悉施工项目的竣工验收、结算、管理分析和用户服务管理。</td></tr>
<tr><td rowspan="8">教学内容</td><td>知识点</td><td colspan="2">主要学习内容</td></tr>
<tr><td>1. 工程项目管理</td><td colspan="2">工程项目管理的基本内容，工程项目管理组织</td></tr>
<tr><td>2. 招投标与合同管理</td><td colspan="2">工程项目招投标概述，工程项目招标，工程项目投标，建安工程合同管理</td></tr>
<tr><td>3. 工程项目成本管理</td><td colspan="2">工程项目成本管理的意义、任务、程序与措施，工程项目成本计划的编制，工程项目成本的控制</td></tr>
<tr><td>4. 建筑安装工程进度管理</td><td colspan="2">工程项目进度控制概述，工程项目进度计划的表达与实施，工程项目进度计划的检查与调整</td></tr>
<tr><td>5. 质量、安全和文明施工管理</td><td colspan="2">工程项目质量管理概述，ISO 9000 系列质量标准与工程项目施工质量保证，工程项目质量控制，工程项目安全控制，工程项目的文明施工管理</td></tr>
<tr><td>6. 工程项目生产要素管理</td><td colspan="2">生产要素管理的概念和主要环节，施工项目劳动管理，施工项目材料管理，施工项目机械设备管理，施工项目资金管理，施工项目技术管理</td></tr>
<tr><td>7. 施工项目后期管理</td><td colspan="2">施工项目的竣工验收，施工项目结算，施工项目管理分析与总结，施工项目的用户服务管理</td></tr>
<tr><td>教学方法建议</td><td colspan="3">1. 项目教学法。按照项目导入——项目解析——项目实战——成果展示——项目评价的教学步骤展开。
2. 案例法。通过工程实例进行案例分析</td></tr>
<tr><td>教学场所</td><td colspan="3">1. 教学场景：多媒体教室、项目现场；
2. 工具设备：多媒体设备；
3. 教师配备：专业教师 1 人</td></tr>
<tr><td>考核评价要求</td><td colspan="3">1. 学生自评、互评、教师评价，以过程考核为主；
2. 过程考核 40%，知识与能力考核 30%，结果考核 30%</td></tr>
</table>

工业管道基本知识单元教学要求 **表 51**

单元名称	工业管道基本知识	最低学时	6 学时
教学目标	1. 熟悉常用管材的选用与检验； 2. 熟悉工业管道的分类与分级		
教学内容	知识点	主要学习内容	
	1. 管材的选用与检验	常用管材的分类、性能、选用和检验	
	2. 工业管道的分类与分级	工业管道的分类与分级、钢管的公称直径	
教学方法建议	1. 项目教学法。按照项目导入——项目解析——项目实战——成果展示——项目评价的教学步骤展开。 2. 案例法。通过工程实例进行案例分析		
教学场所	1. 教学场景：多媒体教室、项目现场； 2. 工具设备：多媒体设备、施工机具； 3. 教师配备：专业教师 1 人		
考核评价要求	1. 学生自评、互评、教师评价，以过程考核为主； 2. 过程考核 40%，知识与能力考核 30%，结果考核 30%		

管道及附件的加工与连接知识单元教学要求 **表 52**

单元名称	管道及附件的加工与连接	最低学时	6 学时
教学目标	1. 熟悉弯管的加工方法； 2. 熟悉三通管及变径管的加工； 3. 熟悉管卡的制作方法； 4. 熟悉管子套螺纹与缩阔口方法； 5. 了解钢管的检验与调直方法； 6. 了解钢管的切断设备与方法		
教学内容	知识点	主要学习内容	
	1. 钢管的调直和切断	钢管的调直方法、钢管的切割要求、切割条件和切割方法、管端加工和修整	
	2. 弯管	煨制弯管、冲压弯管、焊接弯管、冷弯、热弯、模压弯管	
	3. 三通及变径管	三通的作用、同径三通、异径三通、弯管焊三通、抽条法、卷焊法、摔管法变径口加工	
	4. 管子套螺纹与缩阔口方法、管卡的使用	板牙套螺纹注意事项、管子缩口机的操作与保养、管卡的种类与使用方法	
教学方法建议	1. 项目教学法。按照项目导入——项目解析——项目实战——成果展示——项目评价的教学步骤展开。 2. 案例法。通过工程实例进行案例分析		
教学场所	1. 教学场景：多媒体教室、项目现场； 2. 工具设备：多媒体设备、施工机具； 3. 教师配备：专业教师 1 人		
考核评价要求	1. 学生自评、互评、教师评价，以过程考核为主； 2. 过程考核 40%，知识与能力考核 30%，结果考核 30%		

管道连接知识单元教学要求 **表 53**

<table>
<tr><td>单元名称</td><td>管道连接</td><td>最低学时</td><td>10 学时</td></tr>
<tr><td>教学目标</td><td colspan="3">1. 熟悉螺纹连接的方法和应用；
2. 熟悉焊接连接的应用和特点；
3. 熟悉法兰连接的应用；
4. 熟悉承插连接的应用</td></tr>
<tr><td rowspan="6">教学内容</td><td>知识点</td><td colspan="2">主要学习内容</td></tr>
<tr><td>1. 阀门</td><td colspan="2">常用阀门的型号和安装</td></tr>
<tr><td>2. 螺纹连接</td><td colspan="2">螺纹连接的应用、密封和连接技术要求</td></tr>
<tr><td>3. 法兰连接</td><td colspan="2">法兰与管子的装配、垫片的选用、法兰连接的装配和技术要求</td></tr>
<tr><td>4. 焊接连接</td><td colspan="2">焊接连接的应用和特点，焊接规范和焊缝的检验、技术要求</td></tr>
<tr><td>5. 承插连接</td><td colspan="2">承插连接的应用、密封、技术要求</td></tr>
<tr><td>教学方法建议</td><td colspan="3">1. 项目教学法。按照项目导入——项目解析——项目实战——成果展示——项目评价的教学步骤展开。
2. 案例法。通过工程实例进行案例分析</td></tr>
<tr><td>教学场所</td><td colspan="3">1. 教学场景：多媒体教室、项目现场；
2. 工具设备：多媒体设备、施工机具；
3. 教师配备：专业教师 1 人</td></tr>
<tr><td>考核评价要求</td><td colspan="3">1. 学生自评、互评、教师评价，以过程考核为主；
2. 过程考核 40%，知识与能力考核 30%，结果考核 30%</td></tr>
</table>

管道吊装及敷设知识单元教学要求 **表 54**

<table>
<tr><td>单元名称</td><td>管道吊装及敷设</td><td>最低学时</td><td>14 学时</td></tr>
<tr><td>教学目标</td><td colspan="3">1. 了解管道吊装机具与基本方法；
2. 掌握热膨胀的补偿；
3. 熟悉管道的敷设方式、应用范围、技术要求</td></tr>
<tr><td rowspan="5">教学内容</td><td>知识点</td><td colspan="2">主要学习内容</td></tr>
<tr><td>1. 吊装机具与基本方法和热补偿</td><td colspan="2">常用机具、管子装卸注意事项、吊管技术要求和注意事项、质量控制、热补偿的形式</td></tr>
<tr><td>2. 管道埋地敷设</td><td colspan="2">埋地管道的适用范围、施工准备、操作工艺要求、管沟回填、施工注意事项</td></tr>
<tr><td>3. 管道架空敷设</td><td colspan="2">管道支吊架的选型、刚性支吊架的计算、弹性支吊架的计算和选用、长区间管架、管架跨度和位置的确定、支吊架的安装</td></tr>
<tr><td>4. 管道地沟敷设</td><td colspan="2">不通行地沟、半通行地沟、通行地沟敷设的条件和技术要求</td></tr>
<tr><td>教学方法建议</td><td colspan="3">1. 项目教学法。按照项目导入——项目解析——项目实战——成果展示——项目评价的教学步骤展开。
2. 案例法。通过工程实例进行案例分析</td></tr>
<tr><td>教学场所</td><td colspan="3">1. 教学场景：多媒体教室、项目现场；
2. 工具设备：多媒体设备、施工机具；
3. 教师配备：专业教师 1 人</td></tr>
<tr><td>考核评价要求</td><td colspan="3">1. 学生自评、互评、教师评价，以过程考核为主；
2. 过程考核 40%，知识与能力考核 30%，结果考核 30%</td></tr>
</table>

管道试压与清洗知识单元教学要求　　　　表 55

<table>
<tr><th>单元名称</th><th>管道试压与清洗</th><th>最低学时</th><th>6 学时</th></tr>
<tr><td>教学目标</td><td colspan="3">1. 掌握管道的试压技术；
2. 熟悉无压管道的闭水试验；
3. 掌握管道的清洗与吹扫方法和要求</td></tr>
<tr><td rowspan="4">教学内容</td><td>知识点</td><td colspan="2">主要学习内容</td></tr>
<tr><td>1. 管道的试压</td><td colspan="2">管道试压的方式、管道试压的一般规定、管道试验的技术措施、压力试验、真空度试验、泄漏性试验</td></tr>
<tr><td>2. 无压管道的闭水试验</td><td colspan="2">试验的应用、试验准备的内容、试验方法</td></tr>
<tr><td>3. 管道的清洗与吹扫</td><td colspan="2">吹扫与清洗的方式、一般规定、技术要求</td></tr>
<tr><td>教学方法建议</td><td colspan="3">1. 项目教学法。按照项目导入——项目解析——项目实战——成果展示——项目评价的教学步骤展开。
2. 案例法。通过工程实例进行案例分析</td></tr>
<tr><td>教学场所</td><td colspan="3">1. 教学场景：多媒体教室、项目现场；
2. 工具设备：多媒体设备、施工机具；
3. 教师配备：专业教师 1 人</td></tr>
<tr><td>考核评价要求</td><td colspan="3">1. 学生自评、互评、教师评价，以过程考核为主；
2. 过程考核 40%，知识与能力考核 30%，结果考核 30%</td></tr>
</table>

管道防腐与绝热知识单元教学要求　　　　表 56

<table>
<tr><th>单元名称</th><th>管道防腐与绝热</th><th>最低学时</th><th>6 学时</th></tr>
<tr><td>教学目标</td><td colspan="3">1. 熟悉常用的防腐材料；
2. 掌握管道防腐技术；
3. 熟悉常用保温材料、防潮和保护层施工；
4. 掌握保温结构的形式和施工方法</td></tr>
<tr><td rowspan="3">教学内容</td><td>知识点</td><td colspan="2">主要学习内容</td></tr>
<tr><td>1. 管道的防腐</td><td colspan="2">管道常用防腐材料、管道防腐施工工艺</td></tr>
<tr><td>2. 管道绝热保温</td><td colspan="2">常用保温材料、保温结构的形式及施工方法、技术要求、防潮层的施工要求、保护层的施工要求</td></tr>
<tr><td>教学方法建议</td><td colspan="3">1. 项目教学法。按照项目导入——项目解析——项目实战——成果展示——项目评价的教学步骤展开。
2. 案例法。通过工程实例进行案例分析</td></tr>
<tr><td>教学场所</td><td colspan="3">1. 教学场景：多媒体教室、项目现场；
2. 工具设备：多媒体设备、施工机具；
3. 教师配备：专业教师 1 人</td></tr>
<tr><td>考核评价要求</td><td colspan="3">1. 学生自评、互评、教师评价，以过程考核为主；
2. 过程考核 40%，知识与能力考核 30%，结果考核 30%</td></tr>
</table>

（2）核心技能单元教学要求见表57～表69。

机械图绘制技能单元教学要求 **表57**

<table>
<tr><th>单元名称</th><th colspan="2">机械图绘制</th><th>最低学时</th><th>24学时</th></tr>
<tr><td>教学目标</td><td colspan="4">专业能力：
1. 能正确使用绘图工具、仪器；
2. 能进行测绘零件；
3. 会绘制零件图和装配图。
方法能力：
1. 具有正确使用测绘工具的能力；
2. 具有正确绘图的能力；
3. 具有正确识读一般装配图的能力；
4. 具有正确分析、解决问题的能力；
5. 具有查阅各种资料、文献检索、规范及手册的能力。
社会能力：
1. 具有较强的与客户交流沟通的能力、良好的语言表达能力；
2. 具有严谨的工作态度和团队协作、吃苦耐劳的精神，爱岗敬业、遵纪守法，自觉遵守职业道德和行业规范</td></tr>
<tr><td rowspan="5">教学内容</td><td>技能点</td><td colspan="3">主要训练内容</td></tr>
<tr><td>1. 零件测绘</td><td colspan="3">测绘工具的用法、标准件尺寸的确定方法、零件图的绘制</td></tr>
<tr><td>2. 部件测绘</td><td colspan="3">分析和拆卸部件、画装配示意图、测绘零件、画零件草图、画装配图</td></tr>
<tr><td>3. 零件图的画法</td><td colspan="3">分析出标准件和常用件，根据零件草图画零件图</td></tr>
<tr><td>4. 装配图的画法</td><td colspan="3">装配图的视图选择、装配图的画法、装配图尺寸和技术要求的标注</td></tr>
<tr><td>教学方法建议</td><td colspan="4">1. 示范教学。现场演示各种不同工具的手绘表现过程与步骤。
2. 现场教学。利用测绘工具进行现场模型的测绘表达</td></tr>
<tr><td>教学场所</td><td colspan="4">1. 教学场景：设计教室、项目现场；
2. 工具设备：多媒体设备、绘图工具；
3. 教师配备：专业教师1人</td></tr>
<tr><td>考核评价要求</td><td colspan="4">1. 评价方式：按五级计分制（优、良、中、及格、不及格），学生自评、互评、教师评价，以过程考核为主；
2. 过程考核40%，知识与能力考核30%，结果考核30%；
3. 成果形式：测绘图完成</td></tr>
</table>

车工操作技能单元教学要求　　　　表 58

<table>
<tr><td>单元名称</td><td colspan="2">车工操作</td><td>最低学时</td><td>18 学时</td></tr>
<tr><td>教学目标</td><td colspan="4">专业能力：
1. 会正确使用工、夹、量、刀具；
2. 能进行车工的基本操作，外圆、端面、台阶轴、割槽、锥度、三角形螺纹等加工方法；
3. 能按照加工工艺进行零件加工，会加工一个拉伸试件。
方法能力：
1. 具有运用学习的知识，处理工作过程中遇到的实际问题的能力；
2. 具有适应职业岗位变化的能力；
3. 具有利用设计手册、标准图集等参考资料的能力；
4. 具有项目总结和对数据进行处理的能力，具有独立学习和继续学习能力。
社会能力：
1. 具备一定的设计创新能力；
2. 能培养安全生产知识和文明生产的习惯，养成良好的职业道德；
3. 具备自主学习、独立分析问题和解决问题的能力</td></tr>
<tr><td rowspan="4">教学内容</td><td>技能点</td><td colspan="3">主要训练内容</td></tr>
<tr><td>1. 常用机床、工具、刀具的使用及维护</td><td colspan="3">量具的种类及正确维护保养，掌握常用量具的测量方法和准确读数</td></tr>
<tr><td>2. 车削外圆、端面台阶、外圆锥面、切断与车槽</td><td colspan="3">零件的装夹、钻中心孔、外圆车刀及其安装、车外圆的方法及注意事项、刻度盘的原理及正确使用、车外圆的安全技术；端面车刀选择与使用、车端面、车台阶的方法；圆锥的参数及其计算、转动小滑板车外圆锥面、偏移尾座车削圆锥面；车外圆沟槽、车平面槽和 45°外斜沟槽、切断</td></tr>
<tr><td>3. 车削拉伸试件</td><td colspan="3">试件装夹、切断、钻中心孔，车外圆、车外圆锥面</td></tr>
<tr><td>教学方法建议</td><td colspan="4">1. 示范教学。现场演示各种不同车床的表现过程与步骤。
2. 现场教学。利用实操进行现场表达</td></tr>
<tr><td>教学场所</td><td colspan="4">1. 教学场景：实训室、项目现场；
2. 工具设备：多媒体设备、车床；
3. 教师配备：专业教师 1 人</td></tr>
<tr><td>考核评价要求</td><td colspan="4">1. 评价方式：按五级计分制（优、良、中、及格、不及格），学生自评、互评、教师评价，以过程考核为主；
2. 过程考核 40%，知识与能力考核 30%，结果考核 30%；
3. 成果形式：加工零件完成</td></tr>
</table>

钳工操作技能单元教学要求 表 59

<table>
<tr><th>单元名称</th><th>钳工操作</th><th>最低学时</th><th>18 学时</th></tr>
<tr><td>教学目标</td><td colspan="3">专业能力：
1. 会进行钳工的基本操作，懂钳工操作安全知识，会使用钳工常用工具、量具及设备；
2. 会进行划线、锯削、錾削、锉削、钻孔、扩孔、铰孔、攻丝、套丝等钳工加工工艺；
3. 能对典型机构进行装配与调整。
方法能力：
1. 具有运用学习的知识，处理工作过程中遇到的实际问题的能力；
2. 具有适应职业岗位变化的能力；
3. 具有利用设计手册、标准图集等参考资料的能力；
4. 具有项目总结和对数据进行处理的能力，具有独立学习和继续学习能力。
社会能力：
1. 具备一定的设计创新能力；
2. 能培养安全生产知识和文明生产的习惯，养成良好的职业道德；
3. 具备自主学习、独立分析问题和解决问题的能力</td></tr>
<tr><td rowspan="4">教学内容</td><td>技能点</td><td colspan="2">主要训练内容</td></tr>
<tr><td>1. 常用工具的使用及维护保养</td><td colspan="2">常用工具、量具的种类及正确维护、使用方法，安装钳工的工作内容</td></tr>
<tr><td>2. 划线、锯削、錾削、锉削等操作</td><td colspan="2">钳工立体划线、锯削、锉削、錾削、钻孔、攻/套螺纹等基本操作技能</td></tr>
<tr><td>3. 制作钳工工具或产品零件</td><td colspan="2">独立制作一个六方螺母（或榔头）</td></tr>
<tr><td>教学方法建议</td><td colspan="3">1. 示范教学。现场演示钳工的表现过程与步骤。
2. 现场教学。利用实操进行现场表达</td></tr>
<tr><td>教学场所</td><td colspan="3">1. 教学场景：实训室、项目现场；
2. 工具设备：多媒体设备、加工台；
3. 教师配备：专业教师 1 人</td></tr>
<tr><td>考核评价要求</td><td colspan="3">1. 评价方式：按五级计分制（优、良、中、及格、不及格），学生自评、互评、教师评价，以过程考核为主；
2. 过程考核 40%，知识与能力考核 30%，结果考核 30%；
3. 成果形式：加工零件完成</td></tr>
</table>

管道工操作技能单元教学要求 **表 60**

单元名称	管道工操作		最低学时	12 学时
教学目标	专业能力： 1. 能正确使用及维护常用工具； 2. 能正确测定长度、标高、垂直度和立体尺寸； 3. 能进行钢管的切断、调直、套丝； 4. 能根据管件形式进行管道长度的下料，能进行管道和配件的连接及简单系统的安装； 5. 会进行管道的沟槽连接； 6. 能使用工具进行塑料管热熔连接。 方法能力： 1. 具有工程技术操作规程的应用能力； 2. 具有工程验收和整改的能力； 3. 具有施工方案设计和进行施工的能力； 4. 具有项目总结和对数据进行处理的能力。 社会能力： 1. 具备一定的设计创新能力，能自主学习、独立分析问题和解决问题的能力； 2. 具有较强的交流沟通能力、良好的语言表达能力； 3. 具有严谨的工作态度和团队协作、吃苦耐劳的精神，爱岗敬业、遵纪守法，自觉遵守职业道德和行业规范				
教学内容	技能点	主要训练内容		
	1. 常用工具的使用及维护保养	钢卷尺、手锤、钢锯、扳手、管钳、台虎钳、铰板、热熔机、沟槽机		
	2. 钢管的连接	钢管的下料、切削、套丝，管道和配件的连接，沟槽连接，质量评定，分析质量问题原因		
	3. 塑料管的连接	塑料管的下料、粘接、热熔连接，质量评定、分析质量问题原因		
教学方法建议	1. 示范教学。现场演示管道工的表现过程与步骤。 2. 现场教学。利用实操进行现场表达			
教学场所	1. 教学场景：实训室、项目现场； 2. 工具设备：多媒体设备、加工台			
考核评价要求	1. 评价方式：按五级计分制（优、良、中、及格、不及格），学生自评、互评、教师评价，以过程考核为主； 2. 过程考核 40%，知识与能力考核 30%，结果考核 30%； 3. 成果形式：加工零件完成			

钣金工操作技能单元教学要求 **表 61**

<table>
<tr><th>单元名称</th><th colspan="2">钣金工操作</th><th>最低学时</th><th>12 学时</th></tr>
<tr><td>教学目标</td><td colspan="4">专业能力：
1. 能进行常用工具的使用及维护；
2. 能制作样板、样模；
3. 会使用划线工具和样板，进行工件划线、号孔、放样；
4. 能对薄板材进行矫平、下料、卷板、咬接或铆接；
5. 会使用铆接机械设备对金属构件进行拼接与调整；
6. 会制作锥形筒体、四角斗形、等径三通、直角弯头等。
方法能力：
1. 具有工程技术操作规程的应用能力；
2. 具有工程验收和整改的能力；
3. 具有施工方案设计和施工实现的能力；
4. 具有项目总结和对数据进行处理的能力。
社会能力：
1. 具备一定的设计创新能力，能自主学习、独立分析问题和解决问题的能力；
2. 具有较强的交流沟通能力、良好的语言表达能力；
3. 具有严谨的工作态度和团队协作、吃苦耐劳的精神，爱岗敬业、遵纪守法，自觉遵守职业道德和行业规范</td></tr>
<tr><td rowspan="4">教学内容</td><td>技能点</td><td colspan="3">主要训练内容</td></tr>
<tr><td>1. 常用工具的使用及维护保养</td><td colspan="3">工作台、划线工具、锤子、剪刀、电动剪、手锯、铆枪</td></tr>
<tr><td>2. 简单构件的展开图</td><td colspan="3">两节弯管的展开、圆管 90°弯头的展开、变径管的展开、天圆地方的展开</td></tr>
<tr><td>3. 下料、连接</td><td colspan="3">铁皮的下料、咬口连接、整圆和翻边操作</td></tr>
<tr><td>教学方法建议</td><td colspan="4">1. 示范教学。现场演示钣金工的表现过程与步骤。
2. 现场教学。利用实操进行现场表达</td></tr>
<tr><td>教学场所</td><td colspan="4">1. 教学场景：实训室、项目现场；
2. 工具设备：多媒体设备、加工台</td></tr>
<tr><td>考核评价要求</td><td colspan="4">1. 评价方式：按五级计分制（优、良、中、及格、不及格），学生自评、互评、教师评价，以过程考核为主；
2. 过程考核 40%，知识与能力考核 30%，结果考核 30%；
3. 成果形式：加工零件完成</td></tr>
</table>

焊工操作技能单元教学要求 **表 62**

<table>
<tr><td>单元名称</td><td colspan="2">焊工操作</td><td>最低学时</td><td>12 学时</td></tr>
<tr><td>教学目标</td><td colspan="4">专业能力：
1. 能正确使用及维护常用焊接工具；
2. 能进行焊接操作；
3. 能使用切割工具进行下料；
4. 会进行坡口处理。
方法能力：
1. 具有工程技术操作规程的应用能力；
2. 具有工程验收和整改的能力；
3. 具有施工方案设计和施工实现的能力；
4. 具有项目总结和对焊缝进行处理的能力。
社会能力：
1. 具备一定的设计创新能力，能自主学习、独立分析问题和解决问题的能力；
2. 具有较强的交流沟通能力、良好的语言表达能力；
3. 具有严谨的工作态度和团队协作、吃苦耐劳的精神，爱岗敬业、遵纪守法，自觉遵守职业道德和行业规范</td></tr>
<tr><td rowspan="3">教学内容</td><td>技能点</td><td colspan="3">主要训练内容</td></tr>
<tr><td>1. 常用焊接工具的使用及维护保养</td><td colspan="3">工作台、焊枪、焊机</td></tr>
<tr><td>2. 简单形状的焊接</td><td colspan="3">下料、坡口、焊接一个长方形盒子</td></tr>
<tr><td>教学方法建议</td><td colspan="4">1. 示范教学。现场演示焊工的表现过程与步骤。
2. 现场教学。利用实操进行现场表达</td></tr>
<tr><td>教学场所</td><td colspan="4">1. 教学场景：实训室、项目现场；
2. 工具设备：多媒体设备、加工台</td></tr>
<tr><td>考核评价要求</td><td colspan="4">1. 评价方式：按五级计分制（优、良、中、及格、不及格），学生自评、互评、教师评价，以过程考核为主；
2. 过程考核 40%，知识与能力考核 30%，结果考核 30%；
3. 成果形式：焊接作品完成</td></tr>
</table>

机械设计技能单元教学要求 **表 63**

<table>
<tr><th>单元名称</th><th colspan="2">机械设计</th><th>最低学时</th><th>48 学时</th></tr>
<tr><td>教学目标</td><td colspan="4">专业能力：
1. 会进行机构结构分析、运动分析、受力分析；
2. 能分析通用机械零件的设计原理、方法和机械设计的一般规律；
3. 具有典型机械零件的实验方法及技能；
4. 具有机械设计的基本理论、基本方法。
方法能力：
1. 具有初步的分析和设计能力；
2. 具有设计一般通用零、部件和一般机器装置的能力；
3. 具有运用标准、规范、手册和查阅有关技术资料的能力；
4. 具备一定的机械设计基本技能。
社会能力：
1. 具备一定的设计创新能力，能自主学习、独立分析问题和解决问题的能力；
2. 具备规范的设计思想和逻辑思维能力；
3. 具有设计并分析机械系统的实际工作能力；
4. 能培养学生养成尊重科学、遵守规范，不畏困难的精神；
5. 具有严谨的工作态度和团队协作、吃苦耐劳的精神，爱岗敬业、遵纪守法，自觉遵守职业道德和行业规范</td></tr>
<tr><td rowspan="6">教学内容</td><td>技能点</td><td colspan="3">主要训练内容</td></tr>
<tr><td>1. 传动装置总体设计</td><td colspan="3">根据国家标准通过已知工作参数选择电动机型号及参数，计算传动装置的运动参数和动力参数</td></tr>
<tr><td>2. 传动零件设计计算</td><td colspan="3">根据国家标准和规范对减速器中的带传动、齿轮传动、轴及滚动轴承等零、部件进行结构设计和强度计算、寿命计算（轴承）</td></tr>
<tr><td>3. 装配图的绘制</td><td colspan="3">依据国家标准的规定，根据已有的传动装置、传动零件，设计绘制减速器装配图</td></tr>
<tr><td>4. 零件工作图的绘制</td><td colspan="3">依据国家标准的规定，根据减速器装配图拆画零件工作图</td></tr>
<tr><td>5. 编写设计计算说明书</td><td colspan="3">将所有的设计计算内容按照一定的格式整理成为设计计算说明书，培养学生逐渐形成规范的设计思想和具有一定的逻辑思维能力</td></tr>
<tr><td>教学方法建议</td><td colspan="4">1. 示范教学。现场演示零件设计的表现过程与步骤。
2. 现场教学。利用实操进行现场表达</td></tr>
<tr><td>教学场所</td><td colspan="4">1. 教学场景：实训室、项目现场；
2. 工具设备：多媒体设备、减速器模型；
3. 教师配备：专业教师 1 人</td></tr>
<tr><td>考核评价要求</td><td colspan="4">1. 评价方式：按五级计分制（优、良、中、及格、不及格），学生自评、互评、教师评价，以过程考核为主；
2. 过程考核 40%，知识与能力考核 30%，结果考核 30%；
3. 成果形式：设计作品完成</td></tr>
</table>

金属结构设计技能单元教学要求 **表 64**

单元名称	金属结构设计		最低学时	24 学时
教学目标	专业能力： 1. 会识读机械装配图、金属结构图和桅杆标准图； 2. 能进行力学和结构计算； 3. 会选择金属材料和机械零、部件； 4. 能对金属结构焊接连接计算及节点构造设计； 5. 会进行金属结构施工图的绘制。 方法能力： 1. 具有收集资料、发现问题、独立自主分析问题和解决问题的能力； 2. 具有工程技术规范、手册、资料的应用能力； 3. 具有绘图软件的应用能力。 社会能力： 1. 具备一定的创新能力，分析问题和解决问题的能力； 2. 具有较强的交流沟通的能力、良好的语言表达能力； 3. 具有严谨的工作态度和团队协作、吃苦耐劳的精神，爱岗敬业、遵纪守法，自觉遵守职业道德和行业规范			
教学内容	技能点	主要训练内容		
	1. 单桅杆设计计算说明书	桅杆的支反力和内力计算，桅杆的几何尺寸和截面几何特性，桅杆承载能力验算，桅杆附件计算		
	2. 单桅杆施工图	桅杆几何尺寸图，桅杆中节施工图，桅杆头部施工图，桅杆底部施工图		
教学方法建议	1. 示范教学。现场演示金属结构节点的表现过程与步骤。 2. 现场教学。利用实操进行现场表达			
教学场所	1. 教学场景：实训室、项目现场； 2. 工具设备：多媒体设备、金属结构模型； 3. 教师配备：专业教师 1 人			
考核评价要求	1. 评价方式：按五级计分制（优、良、中、及格、不及格），学生自评、互评、教师评价，以过程考核为主； 2. 过程考核 40%，知识与能力考核 30%，结果考核 30%； 3. 成果形式：设计作品完成			

安装工艺测试技能单元教学要求 **表 65**

<table>
<tr><td>单元名称</td><td colspan="2">安装工艺测试</td><td>最低学时</td><td>24 学时</td></tr>
<tr><td>教学目标</td><td colspan="4">专业能力：
1. 能正确识别和选用测量仪器；
2. 会记录、整理、计算、分析数据；
3. 会使用常用量具、量仪、测量仪器及工具。
方法能力：
1. 具有正确使用水准仪测量的能力；
2. 具有正确使用经纬仪测量的能力；
3. 具有正确测试设备安装精度的能力；
4. 具有正确的设计、分析、解决问题的能力；
5. 具有查阅各种资料、文献检索、规范及手册的能力。
社会能力：
1. 具有较强的与客户交流沟通的能力、良好的语言表达能力；
2. 具有严谨的工作态度和团队协作、吃苦耐劳的精神，爱岗敬业、遵纪守法，自觉遵守职业道德和行业规范；
3. 具有热爱科学、实事求是的创新意识、创新精神</td></tr>
<tr><td rowspan="5">教学内容</td><td>技能点</td><td colspan="3">主要训练内容</td></tr>
<tr><td>1. 正确使用水准仪</td><td colspan="3">水准仪测设备标高、点的平面位置测设、高程测设</td></tr>
<tr><td>2. 正确使用经纬仪</td><td colspan="3">水平角测量、垂直角测量、视距测量</td></tr>
<tr><td>3. 正确使用全站仪</td><td colspan="3">全站仪用于设备标高、测距、平面度等精度检测</td></tr>
<tr><td>4. 设备安装精度控制</td><td colspan="3">绘制安装精度检测图例、安装工艺卡、分析某设备基础板安装精度的影响因素、编写安装精度检测说明书</td></tr>
<tr><td>教学方法建议</td><td colspan="4">1. 示范教学。现场演示设备精度检测的表现过程与步骤。
2. 现场教学。利用实操进行现场表达</td></tr>
<tr><td>教学场所</td><td colspan="4">1. 教学场景：实训室、项目现场；
2. 工具设备：多媒体设备、检测工具；
3. 教师配备：专业教师 1 人</td></tr>
<tr><td>考核评价要求</td><td colspan="4">1. 评价方式：按五级计分制（优、良、中、及格、不及格），学生自评、互评、教师评价，以过程考核为主；
2. 过程考核 40%，知识与能力考核 30%，结果考核 30%；
3. 成果形式：测量数据处理</td></tr>
</table>

吊装方案设计技能单元教学要求 **表 66**

<table>
<tr><th>单元名称</th><th>吊装方案设计</th><th>最低学时</th><th>24 学时</th></tr>
<tr><td>教学目标</td><td colspan="3">专业能力：
1. 能选择各种类型吊车参数；
2. 会进行典型设备吊装方案编制；
3. 能对现场吊装进行安全管理。
方法能力：
1. 具有正确使用吊车起重特性表的能力；
2. 具有正确进行设备吊装受力分析的能力；
3. 具有正确进行吊具选择的能力；
4. 具有正确的设计、分析、解决问题的能力；
5. 具有查阅各种资料、文献检索、规范及手册的能力。
社会能力：
1. 具有较强的与客户交流沟通的能力、良好的语言表达能力；
2. 具有严谨的工作态度和团队协作、吃苦耐劳的精神，爱岗敬业、遵纪守法，自觉遵守职业道德和行业规范；
3. 具有热爱科学、实事求是的创新意识、创新精神；
4. 具有现场安全管理、安全第一、预防为主、安全防范意识</td></tr>
<tr><td rowspan="3">教学内容</td><td>技能点</td><td colspan="2">主要训练内容</td></tr>
<tr><td>1. 吊装受力计算、吊车的选择</td><td colspan="2">使用起重量特性曲线、起升高度曲线、起重机性能表、画出受力简图、钢丝绳破断拉力计算、钢丝绳选择与直径计算、计算起重机通过性能</td></tr>
<tr><td>2. 典型设备吊装方案编制</td><td colspan="2">吊装方案编制内容、吊装平面与立面图、技术安全措施</td></tr>
<tr><td>教学方法建议</td><td colspan="3">1. 示范教学。现场演示设备吊装的表现过程与步骤。
2. 现场教学。利用实操进行现场表达</td></tr>
<tr><td>教学场所</td><td colspan="3">1. 教学场景：实训室、项目现场；
2. 工具设备：多媒体设备、吊装设备；
3. 教师配备：专业教师 1 人</td></tr>
<tr><td>考核评价要求</td><td colspan="3">1. 评价方式：按五级计分制（优、良、中、及格、不及格），学生自评、互评、教师评价，以过程考核为主；
2. 过程考核 40%，知识与能力考核 30%，结果考核 30%；
3. 成果形式：设计作品完成</td></tr>
</table>

工程造价技能单元教学要求 表 67

<table>
<tr><th>单元名称</th><th colspan="2">工程造价</th><th>最低学时</th><th>24 学时</th></tr>
<tr><td>教学目标</td><td colspan="4">专业能力：
1. 能正确进行定额计价与清单计价；
2. 能计算工程量清单计价的招标标底和投标控制价；
3. 会编制单位工程施工图预算。
方法能力：
1. 具有正确计取定额与清单计价模式下费用；
2. 具有正确读图与计量的能力；
3. 具有正确进行施工图预算编制的能力；
4. 具有正确分析、解决问题的能力；
5. 具有查阅各种资料、文献检索、规范及手册的能力
社会能力：
1. 具有较强的与客户交流沟通的能力、良好的语言表达能力；
2. 具有严谨的工作态度和团队协作、吃苦耐劳的精神，爱岗敬业、遵纪守法，自觉遵守职业道德和行业规范；
3. 有热爱科学、实事求是的创新意识、创新精神</td></tr>
<tr><td rowspan="3">教学内容</td><td>技能点</td><td colspan="3">主要训练内容</td></tr>
<tr><td>1. 机械设备安装工程施工图预算</td><td colspan="3">划分和排列分项工程项目、统计计算工程量、套定额确定直接费、计算各项取费确定工程造价</td></tr>
<tr><td>2. 非标设备制作安装施工图预算</td><td colspan="3">划分和排列分项工程项目、统计计算工程量、套定额确定直接费、计算各项取费确定工程造价</td></tr>
<tr><td>教学方法建议</td><td colspan="4">1. 示范教学。现场演示工程造价的表现过程与步骤。
2. 现场教学。利用实操进行现场表达</td></tr>
<tr><td>教学场所</td><td colspan="4">1. 教学场景：实训室、项目现场；
2. 工具设备：多媒体设备、计价软件；
3. 教师配备：专业教师 1 人</td></tr>
<tr><td>考核评价要求</td><td colspan="4">1. 评价方式：按五级计分制（优、良、中、及格、不及格），学生自评、互评、教师评价，以过程考核为主；
2. 过程考核 40%，知识与能力考核 30%，结果考核 30%；
3. 成果形式：造价结果完成</td></tr>
</table>

施工组织设计技能单元教学要求 表 68

单元名称	施工组织设计	最低学时	24 学时
教学目标	专业能力： 1. 能依据建筑施工的特点，懂得编制施工组织设计的原则、任务、种类、内容和依据； 2. 会应用横道图和网络图编制单位工程施工进度计划； 3. 会编制单位工程劳动力、材料、机械设备需要量计划； 4. 能绘制施工平面布置图。 方法能力： 1. 具有独立学习能力，分析问题和解决问题的能力； 2. 具有查阅工程技术规范、文件、资料、手册的应用能力； 3. 能利用网络资源收集与本课程相关知识及设备施工组织实例等资料的能力。 社会能力： 1. 具备一定的创新能力，具有团队意识、服务意识； 2. 具有较强的交流沟通的能力、良好的语言表达和写作能力，脚踏实地，任劳任怨，能认真完成所接受的工作任务； 3. 具有严谨的工作态度和吃苦耐劳的精神，具有劳动组织和专业协调能力		
教学内容	技能点	主要训练内容	
	1. 施工方案选择	二次搬运方案选择，拼装和吊装方案选择，施工方案设计	
	2. 编制施工进度计划	编制桥式起重机施工进度计划（横道图、网络图），并优化	
	3. 编制资源需要量计划	编制主要劳动力需要量计划，编制主要施工机具、材料需要量计划	
	4. 施工平面图设计	绘制吊装桥式起重机平面布置图	
	5. 技术安全措施	拟定桥式起重机吊装技术、组织、安全措施	
教学方法建议	1. 示范教学。现场演示、现场管理的表现过程与步骤。 2. 现场教学。利用实操进行现场表达		
教学场所	1. 教学场景：实训室、项目现场； 2. 工具设备：多媒体设备； 3. 教师配备：专业教师 1 人		
考核评价要求	1. 评价方式：按五级计分制（优、良、中、及格、不及格），学生自评、互评、教师评价，以过程考核为主； 2. 过程考核 40%，知识与能力考核 30%，结果考核 30%； 3. 成果形式：设计作品完成		

项目顶岗操作技能单元教学要求 表 69

单元名称	项目顶岗操作	最低学时	570 学时
教学目标	专业能力： 1. 能编制单位设备安装工程施工组织设计； 2. 能编制设备吊装方案； 3. 能编制位工程招投标文件、工程概预算。 方法能力： 1. 具有安排施工现场劳动力、材料、机具计划的能力； 2. 具有选择起重机及进行吊装计算的能力； 3. 具有预算、工程量清单计价的能力； 4. 具有正确的设计、分析、解决问题的能力；		

续表

单元名称	项目顶岗操作	最低学时	570学时
教学目标	5. 具有现场施工员、造价员、质量员、安全员、资料员、材料员等技术员的能力； 6. 具有钳工、管工、焊工、车工、起重工等的基本操作技能； 7. 具有现场施工和组织施工的能力； 8. 具有查阅各种资料、文献检索、规范及手册的能力。 社会能力： 1. 具有较强的与客户交流沟通的能力、良好的语言表达能力； 2. 具有严谨的工作态度和团队协作、吃苦耐劳的精神，爱岗敬业、遵纪守法，自觉遵守职业道德和行业规范； 3. 具有热爱科学、实事求是的创新意识、创新精神； 4. 具有接受新思想、新技术、新工艺的能力和开拓精神； 5. 具有现场安全管理、安全防范意识		
教学内容	知识点	主要训练内容	
	1. 施工技术员技能	施工员、造价员、质量员、安全员、资料员、材料员等	
	2. 技术工种技能	钳工、管工、焊工、钣金工、车工、起重工等	
	3. 工程预算技能	统计工程量、使用定额、编制工程量清单计价、编制招投标文件、使用预算软件	
	4. 项目管理人员技能	工长、项目经理助理、施工进度控制、施工质量控制、施工安全控制、劳动力、机具、材料的控制	
	5. 项目技术管理技能	安装施工方案编制、吊装方案编制、施工组织设计编制、吊车选择、吊装方法选择、施工平面布置、精度检测方法、测量器具正确使用	
教学方法建议	1. 示范教学。现场演示工作的表现过程与步骤。 2. 现场教学。利用实操进行现场表达		
教学场所	1. 教学场景：项目现场； 2. 工具设备：多媒体设备； 3. 教师配备：专业教师1人		
考核评价要求	1. 评价方式：按五级计分制（优、良、中、及格、不及格），学生自评、互评、教师评价，以过程考核为主； 2. 过程考核40%，知识与能力考核30%，结果考核30%； 3. 成果形式：实习论文完成		

3. 课程体系构建的原则要求

倡导各学校根据自身条件和特色构建校本化的课程体系，因此只提出课程体系构建的原则要求。

课程教学包括基础理论教学和实践技能教学。课程可以按知识/技能领域进行设置，也可以由若干个知识/技能领域构成一门课程，还可以从各知识/技能领域中抽取相关的知识单元组成课程，但最后形成的课程体系应覆盖知识/技能体系的知识单元，尤其是核心知识/技能单元。

专业课程体系由核心课程和选修课程组成，核心课程应该覆盖知识/技能体系中的全部核心单元。同时，各院校可选择一些选修知识/技能单元和反映学校特色的知识/技能单元构建选修课程。

倡导工学结合、理实一体的课程模式，但实践教学也应该形成由基础训练、综合训练、顶岗实习构成的完整体系。

9 专业办学基本条件和教学建议

9.1 专业教学团队

1. 专业带头人

专业带头人1～2名（校内至少1名），应具有高级职称并具备较高的教学水平和实践能力，具有行业企业技术服务或技术研发能力，在本行业及专业领域具有一定的影响力。能够主持专业建设规划、教学方案设计、专业建设工作，能够为企业提供技术服务，主持市地级及以上教学或应用技术科研项目或担任院级及以上精品课程负责人。专业带头人必须是“双师型”教师。

2. 师资数量

专业教师的人数应和学生规模相适应，生师比不大于18∶1，专业教师不少于8人，其中吊装技术方向专业教师不少于1人，钢结构与焊接方向专业教师不少于1人，设备安装预算方向专业教师不少于1人，安装工艺方向专业教师不少于1人。必须配备专职的工业管道工程、测试技术、机械基础、机械制图、工程力学、施工组织管理课程及实训的教师。其他基础课和相关课程教师可与其他专业共用。主要专任专业教师不少于5人。

3. 师资水平及结构

专业教师应具有大学本科及以上学历，并且具有2年以上的企业工作经历，其中研究生学历不少于2人，具有高级以上职称的专业教师占专业教师总数的30%以上，并不少于3人。兼职专业教师除满足学历条件外，还应具备5年以上的实践年限，企业兼职教师承担的专业课程比例不少于35%。

9.2 教学设施

1. 校内实训条件（见表70）

有供本专业进行工种操作技能训练和专业实训的实训场所及有关设备，有测试仪器和必需的教具模型及管材、管件等器材实样，以满足教学需要。根据专业培养方案的要求，具有相应职业技能鉴定的实习实训设备和进行鉴定的条件。

注重一体化实训室建设，整合现有专业群实训资源，满足专业群涉及的技术大类和工学交替的教学需要，兼顾教师科技开发与对外工程技术服务、企业员工培训与技能鉴定。

表中实训设备及场地按一个教学班（30～40人）同时训练计算。

工业设备安装工程技术专业校内实训条件要求　　表70

序号	实践教学项目	主要设备、设施名称	单位	数量	实训室面积	备注
1	机械制图实训室	测绘用减速器	台	15	不小于150m²	校内完成，必做项目
		测绘工具	套	25		
2	机械设计实训室	减速器模型	台	20	不小于150m²	校内完成，必做项目
3	车工实训室	普通车床	台	4	不小于200m²	校内完成，必做项目
		数控车床	台	2		
		镗床	台	1		
		砂轮机	台	2		
		钻孔机	台	3		
4	钳工实训室	钳工操作台	台	8	不小于200m²	校内完成，必做项目
		台虎钳	台	32		
		立式钻床	台	1		
		砂轮机	台	1		
		钳工工具（包括锉刀、划针、划规、冲子、手锯、手动绞板、手动丝锥、刮刀、錾子、游标卡尺、角尺、深度尺等）	套	50		
5	管道工实训室	工具箱	套	30	不小于200m²	校内完成，必做项目
		切割机、套丝机等	套	8		
6	钣金工实训室	工具箱	套	30	不小于200m²	校内完成，必做项目
		剪床、折弯机、咬口机等	套	1		
7	焊工实训室	交流电焊机	台	10	不小于150m²	校内完成，选修项目
		直流电焊机	台	10		
		砂轮切割机	台	1		
		氧割设备	套	5		
		烘箱	台	1		
8	金相实训室	显微镜	台	10	不小于100m²	校内完成，必做项目
		读数显微镜	台	2		
		硬度计	台	2		
		金相抛光机	台	2		
		电阻炉	台	1		
9	金属结构实训室	钢架厂房模型	套	5	不小于150m²	校内完成，必做项目
10	吊装实训室	卷扬机	台	2	不小于200m²	校内、外完成，必做项目
		滑车组	套	4		
		简易钢架	套	2		
		钢丝绳、吊钩、电动葫芦、手拉葫芦	套	4		

续表

序号	实践教学项目	主要设备、设施名称	单位	数量	实训室面积	备注
11	安装测试实训室	常用测量仪器	套	25	不小于 $150m^2$	校内、外完成，必做项目
		水平仪	套	25		
		同轴度检测仪	套	2		
		水准仪	套	10		
		测量导轨	套	5		
		平台	个	5		
12	工程造价实训室	计价软件	套	40	不小于 $200m^2$	校内、外完成，必做项目
		计算机	台	40		
13	施工组织设计实训室	工程图纸	套	20	不小于 $150m^2$	校内、外完成，必做项目

注：表中实训设备及场地按一个教学班同时训练计算。

2. 校外实训基地的基本要求（表 71）

有稳定的校外实习基地，与用人单位建立长期稳定的产教结合关系，以解决各类实训的教学需要。

充分利用当地的建筑企业优势，探索校企双赢机制，扩大合作领域，实现深度融合，与一定数量的企业签订校企合作协议，以满足学生进行工学交替、顶岗实习的需要。调整充实以企业工程技术人员为主体的建筑设备类专业指导委员会，建立有企业参与的质量管理体系、质量保障体系和质量监控体系，提高教学质量和管理水平。

工业设备安装专业校外实训基地的基本要求　　表 71

序号	实践教学项目	对校外实训基地的要求	备注
1	认识实习	1. 满足对安装的感性认知要求； 2. 满足对安装岗位的认知要求； 3. 满足对建造师的认知要求	校内外实习实训基地
2	生产实习	1. 满足建筑施工图识读； 3. 满足对安装项目的实习要求； 4. 满足对安装岗位的工种要求	校外实习实训基地
3	顶岗实习	1. 满足安装岗位的要求； 2. 满足施工员岗位要求； 3. 满足安装管理岗位的要求	建筑安装、设备安装类校外实习实训基地

3. 信息网络教学条件

设有计算机房，计算机数量应能满足学生上机训练的需要并达到办学水平评估要求。具有必备的通用软件和专业设计软件，计算机机型能满足专业应用需要。

计算机房、教室、实训室等教学场所应具备上网收集教学资料的条件。

9.3 教材及图书、数字化（网络）资料等学习资源

1. 教材

可选择正式出版的高职高专教材，也可根据学校自身情况使用自编教材或讲义。

2. 图书及数字化资料

图书资料包括：专业书刊、法律法规、规范规程、教学文件、数字化（网络）教学资料、教学应用资料。

（1）图书和期刊资料

1）学校图书馆应有适用本专业的相关书籍，数量要满足教学评估的要求；

2）有专业及相关期刊5种以上；

3）有较齐全和一定数量的建设法律法规文件资料、规范规程和工程定额；

4）有一定数量且适用的电子读物，并经常更新。

（2）多媒体教学资料

具有一定数量的教学光盘、多媒体教学课件、数字化网络等资料，并能不断更新、充实内容和数量，年更新量在10%以上。

（3）教学应用资料

1）有本专业教育标准、专业培养方案等教学文件；

2）有一定数量的专业技术资料（专业工程施工图、标准图集、规范、定额等）和教学交流资料。

9.4 教学方法、手段与教学组织形式建议

职业岗位课程教学以行动导向开展教学设计和组织实施教学，使学生在学中做、在做中学，充分发挥学生自主学习的积极性和团队学习的创造性，灵活应用专业知识分析问题、解决问题，培养学生进行施工安装的信息收集、方案策划、组织管理、质量验收的能力。

通过专业类工学结合课程的学习，使学生掌握专业必备够用的理论知识和单项技能，培养职业素质；经过校内综合实训与毕业综合实践的历练，采用团队学习方式，完成系列完整的工业设备安装全过程实训，使学生掌握专业的职业综合技能，提升职业素质，培养适应工业设备安装岗位需要的职业操守；实施课程学习与考证相结合，通过顶岗实习使学生掌握岗位综合技能，培养综合职业素质，实现与职业岗位对接。

具体可采用理实一体教学法、模块化教学法、情境教学法、任务驱动教学法、项目导向教学法、尝试式教学法、演示教学法、启发式教学法、现场教学法等教学方法。实际教学过程中教师根据不同的教学内容采用不同的教学方法，要做到灵活有效。

9.5 教学评价、考核建议

评价采用自我评价、教师评价、小组评价、企业评价等方式进行；评价的等级按优

秀、良好、及格和不及格四个等级评价。

根据不同的教学内容采用不同的教学评价组织方式。理实一体类课程要结合平时实训内容进行评价，同时与理论考试成绩相结合给定课程成绩；校内实训类课程以实训内容和产品的质量为主进行评价；以职业技能实训为主要目的的实训用职业技能的考核标准对学生进行考核，以取得相应的职业资格证书；校外实习实训的考核由企业根据企业的岗位标准和岗位职责对学生进行考核（表 72）。

职业岗位课程考核与评价表　　表 72

考　核　类　别		考　核　方　法		比　　例
过程考核	学习态度、纪律	上课及实训态度、团队协作精神等平时记录成绩	教师评价	10
	项目实践过程	项目信息采集与分析	教师评价占 60% 小组评价占 20% 学生自评占 20%	10
		方案设计与表达		10
		任务分工与实施		20
		项目检查与验收		10
结果考核	项目成果	项目设计方案	教师（企业）评价占 60%，小组评价占 20%，学生自评占 20%。	10
		项目实施方案		10
		项目实施作品		20
合　　计				100

9.6　教学管理

加强各项教学管理规章制度建设，完善教学质量监控与保障体系，形成教学督导、教师、学生、社会教学评价体系以及完整的信息反馈系统。同时，针对不同生源特点、教学模式，各学校应根据实际情况明确教学管理重点与制定管理模式，并充分利用企业参与对实习实训学生的教学管理。建立可行的激励机制和奖惩制度，加强对毕业生质量跟踪调查和收集企业对专业人才需求反馈的信息。

10　继续学习深造建议

根据学习情况和自身条件，学生毕业后可继续学习深造，通过自学考试、成人高考、专升本等形式取得建筑设备工程专业或热能工程专业的本科文凭。

附录 1

工业设备安装工程技术专业
教学基本要求实施示例

1. 构建课程体系的架构与说明

根据工业设备安装工程技术专业对应岗位群的公共技能和素质要求，确定 8 门职业基础课程；根据建筑安装工程施工员核心岗位的工作任务与要求，参照相关的职业资格标准，按照建筑安装工程的实际工作过程确定 11 门职业岗位课程；根据专业对应岗位群的工作任务与程序，充分考虑学生的岗位适应能力和职业迁移能力，确定 6 门职业拓展课程（图 1）。

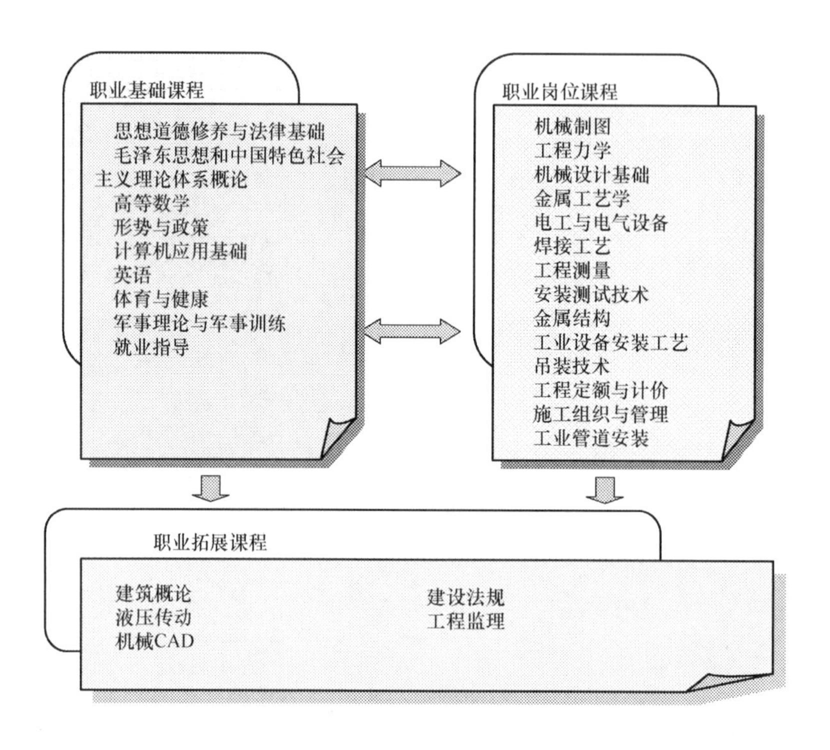

图 1　工业设备安装工程技术专业课程体系架构图

2. 专业核心课程简介（见表 1～表 7）

金属结构课程简介　　**表 1**

课程名称	金属结构	学时	理论 68 学时 实践 46 学时
教学目标	专业能力： 1. 领会金属结构的设计方法和荷载计算； 2. 掌握金属结构材料的力学性能； 3. 了解钢结构的连接类型，掌握焊接连接、普通螺栓和高强螺栓连接计算及节点构造设计；		

续表

<table>
<tr><th>课程名称</th><th colspan="2">金属结构</th><th>学时</th><th>理论 68 学时
实践 46 学时</th></tr>
<tr><td>教学目标</td><td colspan="4">4. 掌握轴心受力、受弯、拉弯、压弯等基本构件的受力特点、截面设计公式以及构造知识；
5. 熟悉起重臂架的形式、荷载组合、设计计算；掌握桅杆的设计计算方法；
6. 掌握门式刚架结构形式、设计计算；了解网架结构的形式、杆件设计、节点设计；熟悉屋盖结构的形式、杆件设计、节点设计。
方法能力：
1. 具有独立学习和继续学习能力；
2. 具有运用学习过程中的知识，处理工作过程中遇到的实际问题和解决困难的能力；
3. 具有适应职业岗位变化的能力；
4. 能利用网络资源收集与本课程相关知识及设备施工图实例等资料；
5. 能利用设计手册、标准图集等参考资料，借鉴工程实例进行工程施工图设计；
6. 能利用专业软件进行辅助设计。
社会能力：
1. 具有团队意识、服务意识及协调沟通交流能力；
2. 能认真完成所接受的工作任务，脚踏实地，任劳任怨；
3. 诚实守信、以人为本、关心他人；
4. 具有一定的语言表达和写作能力</td></tr>
<tr><td rowspan="6">教学内容</td><td>单元名称</td><td colspan="3">主要教学内容</td></tr>
<tr><td>金属结构的设计方法和材料的力学性能</td><td colspan="3">金属结构的设计方法和荷载计算；金属结构对材料的要求；钢材的主要力学性能；钢材的种类及选用；铝合金的应用简介</td></tr>
<tr><td>金属结构的连接</td><td colspan="3">钢结构的连接方法及应用；焊接连接的构造与计算；普通螺栓连接的构造与计算；高强度螺栓连接的构造与计算</td></tr>
<tr><td>基本构件</td><td colspan="3">轴心受力构件、受弯构件、拉弯和压弯构件的截面形式、受力特点、强度、刚度、整体稳定、截面设计公式以及构造</td></tr>
<tr><td>起重臂架与桅杆</td><td colspan="3">起重臂架的形式；起重臂架的荷载组合与设计方法；平面臂架、空间臂架的外形尺寸、内力组合、截面选择及验算；桅杆的类型；桅杆的设计计算；桅杆附件设计计算；设计计算实例</td></tr>
<tr><td>轻型门式刚架、网架结构、屋盖结构</td><td colspan="3">轻型门式刚架结构形式、荷载计算和内力组合；刚架柱、梁、檩条和墙梁设计；支撑构件、屋面板、墙板和节点设计；网架结构的形式、内力计算、杆件设计、节点设计；网架结构的制作与安装；屋盖结构的形式与支撑体系；屋架的杆件设计、节点设计；钢屋架施工图；普通钢屋架设计实例</td></tr>
</table>

安装测试技术课程简介 **表 2**

<table>
<tr><td>课程名称</td><td>安装测试技术</td><td>学时</td><td>理论 50 学时
实践 22 学时</td></tr>
<tr><td>教学目标</td><td colspan="3">专业能力：
1. 掌握设备安装工程测量的基本知识及各类测量仪器的原理、结构、操作方法；
2. 了解测量误差的产生原因和误差理论；
3. 了解典型设备的工作原理、结构特点、安装工艺和施工方法、质量要求、安装施工中常见故障的诊断与排除方法、竣工验收；
4. 掌握安装施工中常用的测量仪器进行水准测量、角度测量、小地区控制测量和施工测量；
5. 能熟练掌握保证设备精度要求的测试方法：安装水平、平行度、垂直度、铅垂度、同轴度、直线度、平面度、几何尺寸等。
方法能力：
1. 具有利用理论知识解决实际问题的能力；
2. 具有收集资料的能力；
3. 具有适应复杂工地环境的能力；
4. 具有领悟工程的能力；
5. 具有钳工的素质能力。
社会能力：
1. 培养学生在测试技术中学会细心、耐心并在现有测量测试技术上具有创新能力；
2. 帮助学生树立质量意识、创新意识，养成严谨的工作作风；
3. 培养学生的自学能力及继续学习的能力</td></tr>
<tr><td rowspan="3">教学内容</td><td>单元名称</td><td colspan="2">主要教学内容</td></tr>
<tr><td>测量测试理论</td><td colspan="2">安装测试课程的任务；安装测试在工业设备安装工程中的作用、发展概况；安装工程的作用与地位；安装工程的特点与主要工艺过程；测量基础；量具和量仪的使用</td></tr>
<tr><td>安装工程的精度</td><td colspan="2">尺寸链；精度与基准；主要精度检测方法（钢丝法、液面法、水平仪检测法、光学仪器法、经纬仪法、吊线锤法等）；主要精度检测项目（安装水平、平行度、垂直度、铅垂度、同轴度、直线度、平面度、几何尺寸等）；设备的校正；机械参数电测技术</td></tr>
<tr><td rowspan="3">实训项目及内容</td><td>项目名称</td><td colspan="2">主要教学内容</td></tr>
<tr><td>现场教学</td><td colspan="2">参观机加工车间对金属零部件的精度检测；参观设备安装现场对设备精度的测试</td></tr>
<tr><td>安装测试试验</td><td colspan="2">在校内实训基地进行安装测试试验，包括以下主要内容：
（1）游标卡尺和螺旋测微计的使用；
（2）通用量具、量仪原理；
（3）测量直线度；
（4）测量平面度；
（5）测量同轴度；
（6）测量标高；
（7）测量垂直度</td></tr>
<tr><td>教学方法建议</td><td colspan="3">1. 按照项目导入——项目解析——项目实战——成果展示——项目评价的教学步骤展开；常规教学、案例教学、项目教学法结合。
2. 通过模型、多媒体技术和组织学生到工地进行现场教学、现场体验。
3. 与企业技术人员交流教学，企业兼职老师人课堂。
4. 设计答辩，解决疑惑</td></tr>
<tr><td>教学条件</td><td colspan="3">1. 教学媒体：教学课件、项目图纸、标准图集、国家规范、工程实例资料、设计任务书等；
2. 教学场景：设计实训室、项目现场；
3. 工具设备：多媒体教学设备、设计绘图设备、计算机设备；
4. 教师配备：专业教师 1 名，企业兼职教师 1 名</td></tr>
<tr><td>考核评价要求</td><td colspan="3">1. 考核总成绩＝平时成绩 30％＋知识测验 70％；
2. 平时成绩由课堂表现 30％、作业 40％、期中测验 30％三部分组成；
3. 知识测验主要测验课程的理论知识；
4. 综合实训的成果成绩主要由设计说明和设计图纸、答辩三部分组成</td></tr>
</table>

工业设备安装工艺课程简介 表3

课程名称	工业设备安装工艺	学时	理论68学时 实践46学时
教学目标	专业能力： 1. 熟悉工业设备安装工程施工工艺过程； 2. 掌握工业设备安装工程典型设备安装工艺流程图； 3. 熟悉工业设备安装工程典型设备安装工艺特点； 4. 掌握工业设备安装工程典型设备安装的施工方法及质量要求； 5. 了解典型工业设备的工作原理、主要结构。 方法能力： 1. 具有施工工长的技术与协调能力； 2. 具有解决工程实例的能力； 3. 具有举一反三把安装工艺程序运用到其他工程的能力； 4. 具有安装施工员的素质能力。 社会能力： 1. 使学生认真学习工业设备安装工程施工从业人员职业道德和工作纪律，认真履行施工人员和项目经理的职责； 2. 在学习中养成细心、耐心、严谨的工作与学习习惯； 3. 帮助学生树立质量意识、创新意识、管理意识			
教学内容	单元名称	主要教学内容	
	设备安装的准备工作	设备的开箱检查；设备基础；地脚螺栓；垫铁	
	典型零、部件的装配	装配的原则和步骤；螺纹、键和销连接的装配；联轴器的装配；离合器和制动器的装配；过盈件的装配；滑动轴承的装配；齿轮装配	
	压缩机的安装	活塞式压缩机的安装；压缩机的试运转；离心式压缩机的工作原理及组成；离心式压缩机的安装；离心式压缩机的试运转；离心式压缩机的故障及其处理	
	工业锅炉安装	工业锅炉安装前的准备工作；锅炉钢架和平台的安装；汽包安装；受热面管束的安装；其他设备及附件安装；水压试验；炉墙砌筑；烘炉、煮炉和试运行	
	机床安装	机床平面布置与排列；机床基础设计；机床安装；机床安装精度检测	
	塔类设备的安装	塔类设备的吊装；塔类设备的找正；塔类设备内构件的安装	
	汽轮机安装	汽轮机的组成及工作原理；汽轮机的安装（施工前准备、安装前的检查、台板安装、轴承安装、转子的安装）	
实训项目及内容	项目名称	主要教学内容	
	现场教学	参观安装公司制作设备车间，熟悉塔类设备的构造、参观工地上的工业锅炉安装、参观工地上的电梯安装、参观工地上的压缩机安装、工业设备安装工艺与安装测试综合实训	
	工业设备安装工艺综合实训	对某工程设备安装的工艺流程进行设计，并能将每个工序的具体施工方案进行设计，画出安装工艺卡，并对工业设备在安装过程中遇到的精度检测等进行综合实训。包括以下主要内容： （1）编制设计说明； （2）精度检测方法； （3）主要精度检测项目； （4）编制施工方案； （5）绘制安装精度检测图例； （6）绘制安装工艺卡	

续表

课程名称	工业设备安装工艺	学时	理论68学时 实践46学时
教学方法建议	1. 按照项目导入——项目解析——项目实战——成果展示——项目评价的教学步骤展开；常规教学、案例教学、项目教学法结合。 2. 通过模型、多媒体技术和组织学生到工地进行现场教学、现场体验。 3. 与企业技术人员交流教学，企业兼职老师入课堂。 4. 设计答辩，解决疑惑		
教学条件	1. 教学媒体：教学课件、项目图纸、标准图集、国家规范、工程实例资料、设计任务书等； 2. 教学场景：设计实训室、项目现场； 3. 工具设备：多媒体教学设备、设计绘图设备、计算机设备； 4. 教师配备：专业教师1名，企业兼职教师1名		
考核评价要求	1. 考核总成绩＝平时成绩30％＋知识测验70％； 2. 平时成绩由课堂表现30％、作业40％、期中测验30％三部分组成； 3. 知识测验主要测验课程的理论知识； 4. 综合实训的成果成绩主要由设计说明和设计图纸、答辩三部分组成		

吊装技术课程简介 **表4**

课程名称	吊装技术	学时	理论80学时 实践52学时
教学目标	专业能力： 1. 掌握起重机械、机具、索具和吊具的结构、种类、性能和应用； 2. 掌握汽车式、轮胎式、桅杆等起重机械的主要参数和工作计算； 3. 掌握常用吊装工艺方法和受力计算； 4. 掌握吊装方案的制定。 方法能力： 1. 具有项目经理的基本能力； 2. 具有经济核算意识； 3. 具有与外界沟通协调能力； 4. 具有解决工程实例的能力； 5. 具有适应环境的能力； 6. 具有安全员的素质能力。 社会能力： 1. 培养学生养成尊重科学、遵守规范，不畏困难的精神； 2. 帮助学生树立创新意识，养成严谨的工作作风； 3. 培养责任心、使命感、质量意识、管理意识、安全意识		

续表

课程名称	吊装技术	学时	理论80学时 实践52学时
教学内容	单元名称	主要教学内容	
	吊装机具的选用与计算	起重吊索和附件；滑车和滑车组；起重机具；锚碇装置	
	自行式起重机及其应用	自行式起重机的基本参数；自行式起重机的分类、结构和特点；起重特性曲线；自行式起重机的使用和基础处理；自行式起重机的安全管理	
	桅杆及其应用	桅杆的结构和分类；桅杆的设计与校核；缆风绳和地锚的设计计算	
	其他起重机	塔式起重机；桥式起重机；门式起重机；缆索式起重机	
	重型设备吊装	吊装方法；吊装塔类设备；吊装贮罐类设备	
	设备吊装方案的编制与实施	设备吊装方案的编制；设备吊装方案的实施与安全技术措施	
	设备吊装实例	吊装电站锅炉；吊装转炉；超高空设备吊装	
实训项目及内容	项目名称	主要教学内容	
	现场教学	参观工地上的起重设备，熟悉起重机参数，参观工地上用自行式起重机进行吊装的工程实例、简易桅杆和卷扬机吊装的试验、大型吊装实例录像	
	设备吊装综合实训	对某工业厂区大型设备的吊装就位进行综合实训。包括以下主要内容： （1）根据实训要求确定吊装方案； （2）选择机、索、吊具； （3）绘制吊装平面图、吊装立面图； （4）桅杆或自行式起重机受力分析图； （5）编制设计说明； （6）绘制施工图	
教学方法建议	1. 按照项目导入——项目解析——项目实战——成果展示——项目评价的教学步骤展开；常规教学、案例教学、项目教学法结合。 2. 通过模型、多媒体技术和组织学生到工地进行现场教学、现场体验。 3. 与企业技术人员交流教学，企业兼职老师入课堂。 4. 设计答辩，解决疑惑		
教学条件	1. 教学媒体：教学课件、项目图纸、标准图集、国家规范、工程实例资料、设计任务书等； 2. 教学场景：设计实训室、项目现场； 3. 工具设备：多媒体教学设备、设计绘图设备、计算机设备； 4. 教师配备：专业教师1名，企业兼职教师1名		
考核评价要求	1. 考核总成绩=平时成绩30%+知识测验70%； 2. 平时成绩由课堂表现30%、作业40%、期中测验30%三部分组成； 3. 知识测验主要测验课程的理论知识； 4. 综合实训的成果成绩主要由设计说明和设计图纸、答辩三部分组成		

安装工程定额与计价课程简介 **表 5**

课程名称	安装工程定额与计价		学时	理论 80 学时 实践 52 学时
教学目标	专业能力： 1. 熟悉与工业设备安装有关的安装工程定额与计价基本知识和应用方法； 2. 了解与设备安装有关的单位工程概算、施工预算、竣工结算的编制方法； 3. 熟悉预算软件的使用； 4. 掌握工业设备安装的单位工程施工图预算，确定工程造价。 方法能力： 1. 具有自学能力； 2. 具有有效沟通协调的能力； 3. 具有查阅资料、定额的能力； 4. 具有解决工程实例的能力； 5. 具有经济核算能力； 6. 具有造价员素质能力。 社会能力： 1. 具有细致周到、认真负责的工作态度； 2. 具有创新意识，养成严谨的工作作风； 3. 具有管理意识、经济意识、规范意识			
教学内容	单元名称	主要教学内容		
	建筑安装工程定额及编制	施工定额；预算定额；概算定额和概算指标；编制原则、依据和步骤；人工耗用量及费用确定；材料消耗量及费用确定；机械台班耗用量及费用计算；单位估价表；预算定额的使用方法		
	施工图预算的编制	施工图预算的意义和作用；编制依据及编制步骤；工程量计算；工程造价计算；工料机械分析；施工图预算编制实例		
	室内采暖、排水安装工程施工图预算	室内采暖安装工程简介；工程量计算规则与注意事项；施工图预算编制实例；室内给排水工程概述；工程量计算规则；施工图预算编制实例		
	电气安装工程预算	电气安装工程简介；工程量计算规则；阅读施工图的方法；施工图预算编制实例		
	机械设备安装工程预算	使用定额应注意事项；工程量计算规则；施工图预算编制实例		
	非标准设备制作安装工程预算	金属容器及构件的制作概述；使用定额应注意事项；工程量计算规则；施工图预算编制实例		
	工程量清单计价	工程量清单计价规范概述；工程量清单编制方法；安装工程工程量清单编制；工程量清单报价编制方法		

续表

<table>
<tr><th>课程名称</th><th colspan="2">安装工程定额与计价</th><th>学时</th><th>理论 80 学时
实践 52 学时</th></tr>
<tr><td rowspan="3">实训项目
及内容</td><td>项目名称</td><td colspan="3">主要教学内容</td></tr>
<tr><td>现场实训</td><td colspan="3">通过编制人工、材料、机械消耗量及费用，熟悉工、料、机消耗量及费用的确定方法；根据给定条件编制施工图预算；通过编制非标准设备制作安装施工图预算，熟悉工程量的计算方法和取费方法；通过编制土建工程量的计算，掌握土建工程量的计算方法；通过编制机械设备安装工程施工图预算，熟悉工程量的计算方法和取费方法</td></tr>
<tr><td>工程定额与计价综合实训</td><td colspan="3">对某工业大型设备的安装进行工程量计算与工程概算综合实训。包括以下主要内容：
（1）根据所给施工图纸，计算工程量；
（2）编制施工图预算书，并进行材料分析。
课程设计的成果应包含文字说明设计计算部分。
设计中应培养学生独立思考、分析问题和解决问题的能力。对设计中的一些关键问题应做必要的讲解和提示。引导和帮助学生独立完成设计任务</td></tr>
<tr><td>教学方法建议</td><td colspan="4">1. 按照项目导入——项目解析——项目实战——成果展示——项目评价的教学步骤展开；常规教学、案例教学、项目教学法结合。
2. 通过模型、多媒体技术和组织学生到工地进行现场教学、现场体验。
3. 与企业技术人员交流教学，企业兼职老师入课堂。
4. 设计答辩，解决疑惑</td></tr>
<tr><td>教学条件</td><td colspan="4">1. 教学媒体：教学课件、项目图纸、标准图集、国家规范、工程实例资料、设计任务书等；
2. 教学场景：设计实训室、项目现场；
3. 工具设备：多媒体教学设备、设计绘图设备、计算机设备；
4. 教师配备：专业教师 1 名，企业兼职教师 1 名</td></tr>
<tr><td>考核评价要求</td><td colspan="4">1. 考核总成绩＝平时成绩 30%＋知识测验 70%；
2. 平时成绩由课堂表现 30%、作业 40%、期中测验 30%三部分组成；
3. 知识测验主要测验课程的理论知识；
4. 综合实训的成果成绩主要由设计说明和设计图纸、答辩三部分组成</td></tr>
</table>

工业管道安装课程简介 **表 6**

<table>
<tr><th>课程名称</th><th>工业管道安装</th><th>学时</th><th>理论 20 学时
实践 16 学时</th></tr>
<tr><td>教学目标</td><td colspan="3">专业能力：
1. 掌握管材、管件的选用方法；
2. 掌握阀门、仪表的选用方法；
3. 掌握民用管道的安装方法；
4. 掌握工业管道的安装方法；
5. 领会管道焊接工艺评定方法；
6. 掌握非标管道的制作工艺</td></tr>
</table>

续表

<table>
<tr><th>课程名称</th><th>工业管道安装</th><th>学时</th><th>理论 20 学时
实践 16 学时</th></tr>
<tr><td>教学目标</td><td colspan="3">方法能力：
1. 具有阅读施工图纸、规范的能力；
2. 具有解决工程实例的能力；
3. 具有质量员的素质能力；
4. 具有计算机辅助设计的能力；
5. 具有管道工的素质能力；
6. 具有电焊工的素质能力。
社会能力：
1. 具有诚信品质及敬业精神；
2. 帮助学生养成严谨的工作作风；
3. 培养管理意识、质量意识、规范意识</td></tr>
<tr><td rowspan="6">教学内容</td><td>单元名称</td><td colspan="2">主要教学内容</td></tr>
<tr><td>管道组成件、阀门</td><td colspan="2">管道（路）的组成及分类；管道及组成件的标准化；管道的连接；管道组成件；法兰及法兰盖；法兰紧固件及垫片的选用；阀门的分类；常用的他动阀门；常用的自动阀门；阀门的型号；阀门的安装</td></tr>
<tr><td>管道布置图</td><td colspan="2">管道布置图绘制的内容及其表示方法；管道及管道组成件的绘制；管道三视图的识读；单管管段图的绘制；管道施工图的识读</td></tr>
<tr><td>热力管道</td><td colspan="2">管道的热胀；管道热补偿；管道弹性判别方法；管道应力验算；管道热补偿安装设计的注意事项；补偿器的安装；热力管道布置的原则和方式；热力管道安装</td></tr>
<tr><td>管道预制</td><td colspan="2">管道预制加工基础知识；展开和下料；管子的调直和校圆；管子的切割；管子的弯曲；管子端部加工与修整；管道的组对</td></tr>
<tr><td>管道的防腐和保温</td><td colspan="2">管道防腐蚀技术；管道的隔热</td></tr>
<tr><td rowspan="2">实训项目及内容</td><td>项目名称</td><td colspan="2">主要教学内容</td></tr>
<tr><td>现场实训</td><td colspan="2">通过管件的认识，熟悉常用的管件并进行管件与管道连接练习；通过阀门的认识，熟悉工业上常用的阀件并进行阀件与管道连接练习；通过参观工业管道安装现场，掌握工业管道安装过程与工业管道安装质量保证措施；在钢板上进行各种展开图的放样</td></tr>
<tr><td>教学方法建议</td><td colspan="3">1. 按照项目导入——项目解析——项目实战——成果展示——项目评价的教学步骤展开；常规教学、案例教学、项目教学法结合。
2. 通过模型、多媒体技术和组织学生到工地进行现场教学、现场体验。
3. 与企业技术人员交流教学，企业兼职老师入课堂。
4. 设计答辩，解决疑惑</td></tr>
<tr><td>教学条件</td><td colspan="3">1. 教学媒体：教学课件、项目图纸、标准图集、国家规范、工程实例资料、设计任务书等；
2. 教学场景：设计实训室、项目现场；
3. 工具设备：多媒体教学设备、设计绘图设备、计算机设备；
4. 教师配备：专业教师 1 名，企业兼职教师 1 名</td></tr>
<tr><td>考核评价要求</td><td colspan="3">1. 考核总成绩＝平时成绩 30％＋知识测验 70％；
2. 平时成绩由课堂表现 30％、作业 40％、期中测验 30％三部分组成；
3. 知识测验主要测验课程的理论知识；
4. 综合实训的成果成绩主要由设计说明和设计图纸、答辩三部分组成</td></tr>
</table>

施工组织与管理课程简介 表7

<table>
<tr><td>课程名称</td><td>施工组织与管理</td><td>学时</td><td>理论50学时
实践46学时</td></tr>
<tr><td>教学目标</td><td colspan="3">专业能力：
1. 了解基本建设程序，熟悉建筑施工的特点，领会施工组织设计的原则、任务、种类、内容和编制依据；
2. 了解建筑施工的作业方式，掌握流水施工方式及网络计划技术；
3. 能应用横道图和网络图编制单位工程施工进度计划；
4. 熟悉开工前必须完成的各项施工准备；
5. 能编制单位工程劳动力、材料、机械设备需要量计划，绘制施工平面布置图；
6. 能对施工过程进行工程项目管理、招投标与合同管理、成本管理、进度管理、质量、安全和文明施工管理、生产要素管理等。
方法能力：
1. 具有独立学习和继续学习能力；
2. 能利用网络资源收集本课程相关知识的能力；
3. 具有分析问题、解决问题能力；
4. 具有适应职业岗位变化的能力；
5. 能利用设计手册、标准图集等参考资料，进行单位工程施工组织设计。
社会能力：
1. 具有一定的公共关系能力，能与他人进行良好的沟通及合作；
2. 具有诚信品质及敬业精神，具有严谨的工作作风，能认真完成工作任务，脚踏实地，任劳任怨；
3. 具有一定的语言表达和写作能力；
4. 具有劳动组织和专业协调能力</td></tr>
<tr><td rowspan="9">教学内容</td><td>单元名称</td><td colspan="2">主要教学内容</td></tr>
<tr><td>流水施工组织</td><td colspan="2">建安工程施工的作业方式；流水施工原则；流水施工组织及计算</td></tr>
<tr><td>网络计划技术</td><td colspan="2">网络图的绘制；网络图的计算；搭接网络计划；网络计划的优化</td></tr>
<tr><td>单位工程施工组织设计</td><td colspan="2">单位工程施工组织设计的编制程序和内容；桥式起重机安装工程施工设计；塔类设备安装工程施工设计；管道安装工程施工设计；电梯安装工程施工设计</td></tr>
<tr><td>工程项目管理</td><td colspan="2">工程项目管理概念和特点、产生和发展、目标和基本内容、各参与方之间的关系；工程项目组织含义和特点、组织结构的设计原则和设计程序、组织结构形式、经理部运作体系</td></tr>
<tr><td>工程项目招投标与合同管理</td><td colspan="2">工程项目招投标概述；工程项目招标；工程项目投标；建筑工程合同管理</td></tr>
<tr><td>施工项目成本管理</td><td colspan="2">施工项目成本管理的意义、任务、程序与措施；施工项目成本计划的编制；施工项目成本的控制</td></tr>
<tr><td>施工项目进度管理</td><td colspan="2">施工项目进度控制概述；施工项目进度计划的表达与实施；施工项目进度计划的检查与调整</td></tr>
<tr><td>施工项目后期管理</td><td colspan="2">施工项目的竣工验收；施工项目结算；施工项目管理分析与总结；施工项目的用户服务管理</td></tr>
</table>

续表

<table>
<tr><th>课程名称</th><th colspan="2">施工组织与管理</th><th>学时</th><th>理论50学时
实践46学时</th></tr>
<tr><td rowspan="3">实训项目及内容</td><td>项目名称</td><td colspan="3">主要教学内容</td></tr>
<tr><td>现场实训</td><td colspan="3">通过流水作业的编制，熟悉流水施工，了解施工现场工作面和施工平面布置情况；结合施工现场学习网络计划的编制，熟悉网络图在复杂工程中的应用；通过施工现场教学，编制单位工程施工方案，熟悉项目部的管理流程；通过检查安装工程施工进度计划，熟悉网络计划的调整</td></tr>
<tr><td>施工组织与
管理综合实训</td><td colspan="3">针对某工业设备安装工程进行施工组织设计编制的综合实训。包括以下主要内容：
（1）绘制施工进度计划图表（横道图、网络图）；绘制施工平面布置图。
（2）编制设计说明和施工图表、施工技术措施、组织措施及劳动力、主要机具、设备、材料需要量计划表等。
课程设计的成果应包含文字说明、设计计算、图表。
设计中应培养学生独立思考、分析问题和解决问题的能力。对设计中的一些关键问题应做必要的讲解和提示。引导和帮助学生独立完成设计任务</td></tr>
<tr><td>教学方法建议</td><td colspan="4">1. 按照项目导入——项目解析——项目实战——成果展示——项目评价的教学步骤展开；常规教学、案例教学、项目教学法结合。
2. 通过模型、多媒体技术和组织学生到工地进行现场教学、现场体验。
3. 与企业技术人员交流教学，企业兼职老师人课堂。
4. 设计答辩，解决疑惑</td></tr>
<tr><td>教学条件</td><td colspan="4">1. 教学媒体：教学课件、项目图纸、标准图集、国家规范、工程实例资料、设计任务书等；
2. 教学场景：设计实训室、项目现场；
3. 工具设备：多媒体教学设备、设计绘图设备、计算机设备；
4. 教师配备：专业教师1名，企业兼职教师1名</td></tr>
<tr><td>考核评价要求</td><td colspan="4">1. 考核总成绩＝平时成绩30％＋知识测验70％；
2. 平时成绩由课堂表现30％、作业40％、期中测验30％三部分组成；
3. 知识测验主要测验课程的理论知识；
4. 综合实训的成果成绩主要由设计说明和设计图纸、答辩三部分组成</td></tr>
</table>

3. 教学进程安排及说明

3.1 专业教学进程安排

工业设备安装工程技术专业教学进程安排　　表8

课程类别	序号	课程名称	教学时数			课程学年学期安排					
			理论	实践	合计	一	二	三	四	五	六
必修课	一、职业基础课程										
	1	思想道德修养与法律基础	56	0	56	√					
	2	毛泽东思想和中国特色社会主义理论体系概论	68	0	68		√				
	3	形势与政策	16	0	16				√		
	4	微积分学基础	46	10	56	√					
	5	工程数学基础	30	4	34		√				
	6	公共英语	32	24	56	√					
	7	专业英语	16	18	34		√				
	8	体育与健康1	6	22	28	√					
	9	体育与健康2	8	26	34		√				
	10	计算机应用基础	28	28	56	√					
	11	军事理论与军事训练	4	20	24	√					
	12	就业指导	16		16				√		
	小计		326	152	478						
	二、职业岗位课程										
	1	机械制图	84	40	124	√	√				
	2	工程力学	110	14	124	√	√				
	3	金属工艺学	46	22	68		√				
	4	机械设计基础	52	20	72			√			
	5	电工与电气设备	46	22	68		√				
	6	焊接工艺	44	28	72			√			
	7	工程测量	20	16	36			√			
	8	安装测试技术★	50	22	72			√			
	9	金属结构★	68	22	90			√			
	10	工业设备安装工艺★	68	22	90			√			
	11	吊装技术★	80	28	108				√		
	12	安装工程定额与计价★	80	28	108				√		
	13	施工组织设计与管理★	50	22	72			√			
	14	工业管道安装★	20	16	36				√		
	小计		818	322	1140						

续表

课程类别	序号	课程名称	教学时数			课程学年学期安排					
			理论	实践	合计	一	二	三	四	五	六
选修课	三、职业拓展课程										
	1	液压传动	24	12	36				√		
	2	建筑概论	24	12	36				√		
	3	工程监理	24	12	36				√		
	4	建筑工程法规	24	12	36				√		
	5	机械 CAD	18	18	36				√		
	小计		116	64	180						
	四、任选课										
	合计		1260	538	1798						

注：1. 标注★的课程为专业核心课程、工学结合课程；

2. 限选课为 5 门选 3 门；

3. 任选课为公共艺术类和人文、社科类素质教学课，一般选 2～4 门，不低于 70 学时。

3.2 实践教学安排

工业设备安装工程技术专业实践教学安排 **表 9**

序号	项目名称	教学内容	对应课程	学时	实践教学项目按学期安排					
					一	二	三	四	五	六
1	认识实习	参观金属结构厂、设备安装施工现场；观看安装工程施工录像	认识实习	24		√				
2	制图测绘综合实训	测量并绘制单级圆柱齿轮减速器	机械制图	24					√	
3	金工实习	钳工、车工、管工、钣金工、焊工	金属工艺学、焊接工艺	72					√	
4	机械设计综合实训	减速器方案选择和设计计算	机械设计基础	48					√	
5	安装工艺综合实训	工业设备安装工艺流程在设备安装中的应用	设备安装工艺、安装测试	24					√	
6	典型金属结构综合实训	结构承载能力的计算、结构附件及连接计算、金属结构施工图	金属结构	24					√	

续表

序号	项目名称	教学内容	对应课程	学时	实践教学项目按学期安排					
					一	二	三	四	五	六
7	单位安装工程施工组织综合实训	施工方案、施工进度计划、施工平面布置图	施工组织与管理	24					√	
8	典型设备吊装综合实训	选择吊车、吊装方法、受力计算等	吊装技术	24					√	
9	设备安装工程计价综合实训	计算工程量、编制施工图预算书等	工程定额与计价	24					√	
10	毕业设计	对实际工程的综合应用	毕业设计	192					√	
11	顶岗实习	对各个工种顶岗实训	顶岗实习	570						√
合　计				1050						

注：1. 第2、5学期的综合实训每周按24学时计算；

2. 第6学期的顶岗实习每周按30学时计算。

3.3 教学安排说明

教学安排可根据各地方、各校具体情况在保证核心课程开设的情况下，可选开一些课程，也可根据学生自身情况、就业去向自选学习课程。

由于建筑业是一个危险的行业，在制订项目时，尽可能将安全生产作为一个教学环节安排到实训中。

在教学中实行项目教学，制订课程的分项目内容时，应尽量穿插实训教学与分组活动，培养学生学习、工作的过程（准备、计划、实施、质量评估与控制、小结）和与人合作的能力。理论教学和实验、实训等技能培养的学时可据项目不同分配。

教学进程可根据各地方、各学校实际情况，同时根据企业工程进展情况，可合理调整教学进程。

若实行学分制，建议总学分控制在150学分至160学分；16学时折算1学分。

附录 2

高职高专教育工业设备安装工程技术专业
校内实训及校内实训基地建设导则

1 总　　则

1.0.1 为了加强和指导高职高专教育工业设备安装工程技术专业校内实训教学和实训基地建设，强化学生实践能力，提高人才培养质量，特制定本导则。

1.0.2 本导则依据工业设备安装工程技术专业学生的专业能力和知识的基本要求制定，是《高职高专教育工业设备安装工程技术专业教学基本要求》的重要组成部分。

1.0.3 本导则适用于工业设备安装工程技术专业校内实训教学和实训基地建设。

1.0.4 本专业校内实训与校外实训应相互衔接，实训基地与相关专业及课程实现资源共享。

1.0.5 工业设备安装工程技术专业的校内实训教学和实训基地建设，除应符合本导则外，尚应符合国家现行标准、政策的规定。

2 术　　语

2.0.1 实训

在学校控制状态下，按照人才培养规律与目标，对学生进行职业能力训练的教学过程。

2.0.2 基本实训项目

与专业培养目标联系紧密，且学生必须在校内完成的职业能力训练项目。

2.0.3 选择实训项目

与专业培养目标联系紧密，根据学校实际情况，宜在学校开设的职业能力训练项目。

2.0.4 拓展实训项目

与专业培养目标相联系，体现专业发展特色，可在学校开展的职业能力训练项目。

2.0.5 实训基地

实训教学实施的场所，包括校内实训基地和校外实训基地。

2.0.6 共享性实训基地

与其他院校、专业、课程共用的实训基地。

2.0.7 理实一体化教学法

即理论实践一体化教学法，将专业理论课与专业实践课的教学环节进行整合，通过设定的教学任务，实现边教、边学、边做。

2.0.8 深化设计

在方案设计、技术设计的基础上进行施工方案细化，并绘制施工图的过程。

3 校内实训教学

3.1 一 般 规 定

3.1.1 工业设备安装工程技术专业必须开设本导则规定的基本实训项目，且应在校内完成。

3.1.2 工业设备安装工程技术专业应开设本导则规定的选择实训项目，且宜在校内完成。

3.1.3 学校可根据本校专业特色，选择开设拓展实训项目。

3.1.4 实训项目的训练环境宜符合工业设备安装工程的真实环境。

3.1.5 本导则所列实训项目，可根据学校所采用的课程模式、教学模式和实训教学条件，采取理实一体化教学或独立与理论教学进行训练；可按单个项目开展训练或多个项目综合开展训练。

3.2 基 本 实 训 项 目

3.2.1 工业设备安装工程技术专业的基本实训项目应符合表 3.2.1 的要求。

工业设备安装工程技术专业基本实训项目 **表 3.2.1**

序号	实训项目	能力目标	实训内容	实训方式	评价要求
1	认识实训	了解工业设备安装工程，了解安装施工现场、作业环境、施工机具、施工工种等	参观校企合作企业施工现场、机加工现场，观看施工录像	现场参观、观看录像	对学生参观学习过程和收集感官资料进行评价
2	制图测绘	能测量、绘制一般机械的零件图及装配图，能正确地标注尺寸及简单的技术要求	测量并绘制单级圆柱齿轮减速器，绘制测绘草图，绘制减速器工作图	实操	对学生实操过程、实操作品进行评价
3	工种实训	熟悉机械钳工、车工、管工、钣金工、焊工的工作内容，掌握基本操作技能	钳工、车工、管工、钣金工、焊工	实操	对学生实操过程、实操作品进行评价
4	工程测量	能正确识别和选用测量仪器，会记录、整理、计算、分析数据，具有熟练操作、使用测量仪器和工具的能力	学习水准仪、经纬仪、水平角测量、垂直角测量、经纬仪检验、钢尺、视距测量、全站仪、点的测设等工程测量器具的使用	实操	对学生实操过程、实操作品进行评价

续表

序号	实训项目	能力目标	实训内容	实训方式	评价要求
5	电气回路连接	能正确接线、进行接地电阻测量，熟悉常用电动机操作技能	导线连接，接地电阻测量，三相异步电动机使用	实操	写出实训报告，对学生实操过程、结果进行评价
6	安装精度检测项目	具备常用量具使用以及设备精度检测的能力	千分尺、游标卡尺的读数原理与方法，水平仪的使用，百分表的应用，水平度检测方法，直线度检测方法	实操	写出实训报告，对学生实操过程、结果进行评价
7	金相组织观察	具有对金相内部组织进行显微观察能力，具有对金属材料进行热处理能力	金属显微组织观察，金属热处理	实操	写出实训报告，对学生实操过程、结果进行评价
8	吊装机具操作	具有常用吊具、机具的使用能力	利用卷扬机、手拉葫芦与钢架进行设备吊装	实操	写出实训报告，对学生实操过程、结果进行评价
9	液压回路设计	具有使用液压综合实训台的能力	液压传动流量、压力、速度预控实验，液压基本回路实验	实操	写出实训报告，对学生实操过程、结果进行评价
10	减速器设计	具有设计一般零部件的能力	减速器方案选择和设计计算，草图绘制，绘制减速器工作图，编写设计说明书	实操	对学生实操过程、实操作品进行评价
11	顶岗实习	具有现场施工和组织施工的能力，具有技术工人和技术员（施工员、质量员、安全员、材料员、资料员等）的操作能力	深入施工一线进行实战顶岗，通过对各工种、各工程进行实训，熟悉现场，进行施工项目管理、技术管理、预算、受力计算、方案编制等	实操	对学生实操过程、实操作品、日记、实训答辩进行评价

3.3 选择实训项目

3.3.1 工业设备安装工程技术专业的选择实训项目应符合表 3.3.1 的要求。

工业设备安装工程技术专业的选择实训项目　　表 3.3.1

序号	实训项目	能力目标	实训内容	实训方式	评价要求
1	安装测试实训	具备设备精度检测的能力	1. 平面度检测； 2. 同轴度检测	实操	写出实训报告，对学生实操过程、结果进行评价
2	机械设计综合训练	能进行传动组合设计，正确选择减速器，具有查阅工具书和团队协作能力	1. 轴类零件设计； 2. 吊装平衡梁设计	设计	对学生设计过程、设计作品进行评价
3	设备安装工艺卡的编制	掌握正确的设计方法，具有分析、解决实际工程问题的能力	通过工程实例，编制设计说明、精度检测方法、主要精度检测项目；绘制安装工艺卡	设计	对学生设计过程、设计作品进行评价
4	金属结构综合实训	掌握金属结构件的设计计算方法，具有金属结构件的设计计算能力	通过工程实例，进行结构承载能力的计算、结构附件及连接的计算、金属结构的几何尺寸图、内力图	设计	对学生设计过程、设计作品进行评价
5	吊装技术综合实训	具有选择起重机、索吊具的能力；具有绘制吊装平面布置图和受力图的能力；能进行吊装受力计算；会进行吊装方案设计	通过工程实例，确定吊装方案；选择机、索、吊具；绘制吊装平面图、吊装立面图、吊装机具受力分析图；编制设计说明和施工图表	设计	对学生设计过程、设计作品进行评价
6	工程定额与计价综合实训	能根据定额和施工图纸编制施工图预算；能进行工、料、机分析；能进行工程量清单投标报价	通过工程实例，根据所给施工图纸，计算工程量，编制施工图预算书，并进行材料分析	设计	对学生设计过程、设计作品进行评价
7	施工组织与管理综合训练	能编制单位设备安装工程施工方案；能运用横道图、网络图编制单位设备安装工程进度计划	绘制施工进度计划图表（横道图、网络图）；绘制施工平面布置图；编制设计说明和施工图表、施工技术措施、组织措施及主要机具、设备材料计划表等	设计	对学生设计过程、设计作品进行评价

3.4 拓展实训项目

3.4.1 工业设备安装工程技术专业可根据本校专业特色自主开设拓展实训项目。

工业设备安装工程技术专业的拓展实训项目　　表 3.4.1

序号	实训项目	能力目标	实训内容	实训方式	评价要求
1	起重工认证	1. 应使学生具备吊装工操作基本要求； 2. 具有装卸车能力	1. 机索具连接； 2. 设备卸车、二次搬运； 3. 用吊车进行设备吊装就位	实操	对学生实操过程、结果进行评价，实操结果应符合特殊工种考核要求
2	电焊工认证	1. 应使学生具备电焊工操作基本要求； 2. 焊接合格构件	1. 电焊工操作； 2. 焊接钢构件	实操	对学生实操过程、结果进行评价，实操结果应符合特殊工种考核要求

3.5 实训教学管理

3.5.1 各院校应将实训教学项目列入专业培养方案，所开设的实训项目应符合本导则要求。

3.5.2 每个实训项目应有独立的教学大纲和考核标准。

3.5.3 学生的实训成绩应在学生学业评价中占一定的比例，独立开设且实训时间 1 周及以上的实训项目，应单独记载成绩。

4 校内实训基地

4.1 一般规定

4.1.1 校内实训基地的建设，应符合下列原则和要求：

1. 因地制宜、开拓创新，具有实用性、先进性和效益性，满足学生职业能力培养的需要；

2. 源于现场、高于现场，尽可能体现真实的职业环境，体现本专业领域新材料、新技术、新工艺、新设备；

3. 实训设备应优先选用工程用设备。

4.1.2 各院校应根据学校区位、行业和专业特点，积极开展校企合作，探索共同建设生产性实训基地的有效途径，积极探索虚拟工艺、虚拟现场等实训新手段。

4.1.3 各院校应根据区域学校、专业以及企业布局情况，统筹规划、建设共享型实训基地，努力实现实训资源共享，发挥实训基地在实训教学、员工培训、技术研发等多方面的作用。

4.2 校内实训基地建设

4.2.1 校内实训基地的场地最小面积、主要设备及数量应符合表 4.2.1 的要求。

实训项目设备配置标准 **表 4.2.1**

序号	实训项目	实训类别	主要设备	单位	数量	实训室面积
1	机械制图实训	基本实训	测绘用减速器 测绘工具	台 套	15 25	不小于 150m²
2	车工实训室	基本实训	普通车床4台、数控车床2台、镗床1台、钻孔机3台、砂轮机2台	台	12	不小于 200m²
3	钳工实训室	基本实训	钳工操作台8台、台虎钳32台、立式钻床1台、砂轮机1台、画线平板5块、钳工工具50套（包括锉刀、划针、划规、冲子、手锯、手动绞板、手动丝锥、刮刀、錾子、游标卡尺、角尺、深度尺等）	台 套	32 50	不小于 200m²
4	管道工实训	基本实训	工具箱	套	30	不小于 200m²
			切割机、套丝机等	套	8	
5	钣金工实训	基本实训	工具箱	套	30	不小于 200m²
			剪床、折弯机、咬口机等	套	1	
6	焊工实训室	选择实训	交流电焊机10台、直流电焊机10台、烘箱1台、砂轮切割机1台、氧割设备5套	台	27	不小于 150m²
7	金属结构实训室	基本实训	钢架厂房模型	台	2	不小于 100m²
8	机械设计实训室	基本实训	减速器模型	台	20	不小于 150m²
9	金相实训室	基本实训	显微镜10台、读数显微镜2台、硬度计2台、金相抛光机2台、电阻炉1台	台	17	不小于 100m²
10	工程造价实训室	基本实训	计算软件 计算机	套 台	40 40	不小于 200m²
11	吊装实训室	基本实训	卷扬机2台、滑车组4套、简易钢架2套、钢丝绳、吊钩、电动葫芦4套、手拉葫芦6套	台 套	2 16	不小于 200m²
12	安装测试实训室	基本实训	常用测量仪器25套、水平仪25套、同轴度检测仪5套、水准仪10套、平台5个、测量导轨5套	套	75	不小于 150m²

注：本导则按照1个教学班实训计算实训设备。

4.3　校内实训基地运行管理

4.3.1　学校应设置校内实训基地管理机构，对实践教学资源进行统一规划，有效使用。

4.3.2　校内实训基地应配备专职管理人员，负责日常管理。

4.3.3　学校应建立并不断完善校内实训基地管理制度和相关规定，使实训基地的运行科学有序，探索开放式管理模式，充分发挥校内实训基地在人才培养中的作用。

4.3.4　学校应定期对校内实训基地设备进行检查和维护，保证设备的正常安全运行。

4.3.5　学校应有足额资金的投入，保证校内实训基地的运行和设施更新。

4.3.6　学校应建立校内实训基地考核评价制度，形成完整的校内实训基地考评体系。

5　实　训　师　资

5.1　一　般　规　定

5.1.1　实训教师应履行指导实训、管理实训学生和对实训进行考核评价的职责。实训教师可以专兼职。

5.1.2　学校应建立实训教师队伍建设的制度和措施，有计划对实训教师进行培训。

5.2　实训师资数量及结构

5.2.1　学校应依据实训教学任务、学生人数合理配置实训教师，每个实训项目不宜少于2名指导教师。

5.2.2　各院校应努力建设专兼结合的实训教师队伍，专兼职比例宜为1∶1。

5.3　实训师资能力及水平

5.3.1　学校专任实训教师应熟练掌握相应实训项目的技能，宜具有工程实践经验及相关职业资格证书，具备中级（含中级）以上专业技术职务。

5.3.2　企业兼职实训教师应具备本专业理论知识和实践经验，经过教育理论培训；指导工种实训的兼职教师应具备相应专业技术等级证书，其余兼职教师应具有中级及以上专业技术职务。

附录A　校　外　实　训

A.1　一　般　规　定

A.1.1　校外实训是学生职业能力培养的重要环节，各院校应高度重视，科学实施。

A.1.2　校外实训应以实际工程项目为依托，以实际工作岗位为载体，侧重于学生职业综合能力的培养。

A.2 校外实训基地

A.2.1 校外实训基地应能提供与本专业培养目标相适应的职业岗位，并宜对学生实施轮岗实训。

A.2.2 校外实训基地应具备符合学生实训的场所和设施，具备必要的学习及生活条件，并配置专业人员指导学生实训。

A.3 校外实训管理

A.3.1 校企双方应签订协议，明确责任，建立有效的实习管理工作制度。

A.3.2 校企双方应有专门机构和专门人员对学生实训进行管理和指导。

A.3.3 校企双方应共同制定学生实训安全制度，采取相应措施保证学生实训安全，学校应为学生购买意外伤害保险。

A.3.4 校企双方应共同成立学生校外实训考核评价机构，共同制定考核评价体系，共同实施校外实训考核评价。

附录B 本导则引用标准

1.《采暖通风与空气调节设计规范》GB 50736－2012

2.《建筑设计防火规范》GB 50016－2006

3.《建筑工程施工质量验收统一标准》GB 50300—2013

4.《工业金属管道工程施工验收规范》GB 50184—2011

5.《工业锅炉安装工程施工及验收规范》GB 50237—2009

6.《大型设备吊装工程施工工艺标准》SH/T3515—2003

7.《化工工程建设起重施工规范》HG20201—2000

8.《建筑机械使用安全技术规程》JGJ 33—2012

9.《石油化工设备安装工程质量检验评定标准》SH3514—2001

10.《石油化工工程建设交工技术文件规定》SH 3503—2007

11.《钢结构工程施工质量验收规范》GB 50205—2011

12.《钢结构设计规范》GB 50017—2012

13.《机械设备安装工程施工及验收通用规范》GB 50231—2009

14.《建设安装工程工程量清单计价规范》GB 50500—2013

15.《全国统一安装工程预算定额》

16.《机械制图标准》GB/T4458.1—2002

17.《机械设备安装工程手册》

本导则用词说明

为了便于在执行本导则条文时区别对待，对要求严格程度不同的用词说明如下：

1. 表示很严格，非这样做不可的用词：

正面词采用“必须”；

反面词采用“严禁”。

2. 表示严格，在正常情况下均应这样做的用词：

正面词采用“应”；

反面词采用“不应”或“不得”。

3. 表示允许稍有选择，在条件许可时首先应这样做的用词：

正面词采用“宜”或“可”；

反面词采用“不宜”。